CFRTPの塑性加工入門

工学博士　米山　　猛
博士(工学)　立野　大地
共著

コロナ社

まえがき

機械の軽量化は，自動車などの移動機械を動かすエネルギーの削減や人間が持ち運んだり身に着けたりする機器の使いやすさ向上のために重要である。軽量化を図る材料として，CFRP（carbon fiber reinforced plastics，炭素繊維強化樹脂）は，最も効果的なものとして期待されている。すでに最新の航空機では，胴体の50％以上がCFRPで製作されている。地球温暖化を防ぐため，二酸化炭素排出削減は喫緊の課題であり，自動車においては，駆動時の二酸化炭素排出削減のためにEV化が急速に進もうとしている。EV自動車では，電池の重量が大きいため，ボディの軽量化がいっそう求められている。ボディの軽量化を進めるため，ハイテン材料（鉄材料）やアルミニウム材料の活用が進んでいるが，より軽量化を図る材料としてCFRPが期待されている。

しかし，これまで航空機などに用いられてきたCFRPは炭素繊維の隙間に熱硬化性樹脂を含浸させたもので，成形後は加熱溶融することが不可能で変形加工ができず，リサイクルも困難である。そこで，一般のプラスチックに使われているような加熱溶融する熱可塑性樹脂を炭素繊維にしみ込ませたCFRTP（carbon fiber reinforced thermoplastics，炭素繊維強化熱可塑性樹脂）が将来的には多用されると考えられている。飛行機に比べて自動車は生産量が圧倒的に大きいため，量産に適した加工方法が必要である。

CFRTPは加熱すれば柔らかくなって変形加工が可能であり，冷却・固化すれば成形品ができることから，これまで金属材料による量産方法として活用されてきた塑性加工のような方法が適用できると期待される。そこで本書では，CFRTP材料を用いた塑性加工について解説する。これまで金属材料の塑性加工を行ってきた技術者や樹脂の射出成形を行ってきた技術者が，CFRTPの成形加工に取り掛かるための基礎知識や具体的な加工方法について解説する。

金属加工技術者は，金属材料の変形特性を考慮しながら金属の型を用いて塑性加工し，所望の形状を作成する。CFRTPの塑性加工においても，主な量産方法は，金型を用いて形状を転写することである。しかし，CFRTPの変形メカニズムは金属材料のそれとは大きく異なるため，CFRTP の変形メカニズムを理解した上で形状の転写方法を考える必要がある。「材料の変形特性を知って，目的の形状づくりを行う」ことは共通である。

プラスチック射出成形の技術者は熱可塑性樹脂の特性について熟知している。しかし繊維長の長い炭素繊維と熱可塑性樹脂との複合材料においては，射出成形の方法はとれず，塑性加工のような変形加工の方式をとる。塑性加工においても加熱溶融した樹脂の流動を用いる加工であり，熱可塑性樹脂の特性についての知識が不可欠である。この熱可塑性樹脂の特性についての知識を活用し，CFRTP の「塑性加工」へアプローチするための基礎知識を提供したい。

1 章～3 章で基礎となる CFRTP 材料と炭素繊維，熱可塑性樹脂そして塑性加工について解説する。4 章～7 章は主として連続繊維 CFRTP プレートを用いたプレス成形について解説している。これらの章で，CFRTP の塑性加工を行う基本的な要素と考え方について理解できるはずである。8 章は不連続繊維 CFRTP を用いた塑性加工について説明する。9 章は CFRTP の曲げ加工やせん断加工，接合を取り扱う。10 章は発展した内容として，組紐プレス成形，テープ成形，3D プリンティングについて紹介する。最後の 11 章で強度試験や組織観察など，CFRTP の評価方法について解説する。

本書はつぎのような読者を想定している。

・これまで主として金属加工に関わってきた技術者
・これまで主としてプラスチックの射出成形に関わってきた技術者
・繊維技術に関わってきた技術者
・これまでも炭素繊維複合材料など複合材料技術に関わってきた技術者
・これから CFRTP の量産加工に取り組もうとする研究者や技術者
・CFRP の成形加工について学ぶ学生

CFRTP の加工技術は，まだ歴史の浅い加工分野であるが，本書で基礎的な知識について習得し，これからの産業に広く活用される技術開発へチャレンジしていただければ幸いである。

2023 年 2 月

米山　猛・立野大地

目　　　　　次

1.　CFRTP 塑性加工の基礎知識

2.　炭素繊維と熱可塑性樹脂

3. CFRTPの材料

4. 連続繊維CFRTPのプレス成形

5. CFRTPプレス成形時の諸現象

6.　CFRTP プレス成形の金型設計

7. プレス機械と材料加熱技術

8. 不連続繊維CFRTPを用いた塑性加工

9.　CFRTPの曲げ加工・せん断・接合

10.　CFRTP塑性加工の応用技術

11. CFRTP の評価方法

1 CFRTP 塑性加工の基礎知識

1.1 CFRTP とは

本章では金属の塑性加工やプラスチックの射出成形と対比しながら，CFRTP の塑性加工とはどのようなものか概説する。

CFRTP とは，炭素繊維束の隙間に熱可塑性樹脂をしみ込ませたものである。

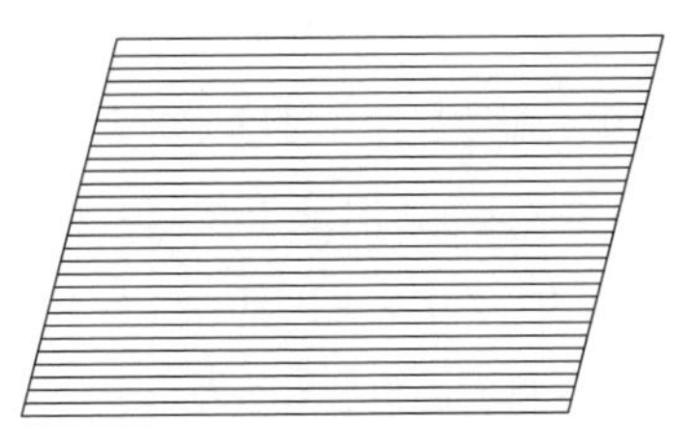

（i） 一方向（UD）繊維シート

（ii） 織物繊維シート

（a） 連続繊維シート

（i） UD カットランダム配向シート

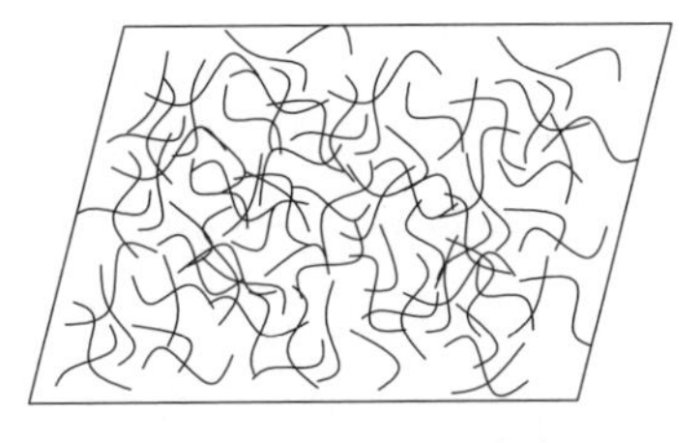

（ii） マット材，不織布

（b） 不連続繊維シート

図 1.1 CFRTP シートの種類

CFRTP シートの主な種類を**図 1.1** に示す。大きく分けて炭素繊維として連続繊維を用いるもの（図 (a)）と，ある程度の長さになった**不連続繊維**を用いるもの（図 (b)）に分けることができる。**連続繊維**を用いる場合も，**一方向（UD）繊維**（uni–directional carbon fiber）を配列した状態のシート（図 (i)）と縦横の繊維を織物（fabric）にしたシート（図 (ii)）とがある。一方，不連続繊維を用いる場合は，一方向繊維の CFRTP テープを所定の幅と長さにカットしたものをいろいろな方向に配向させたもの（図 (i)）や，繊維を織らずに絡ませた状態のもの（不織布（ふしょくふ））に樹脂をしみ込ませたもの（図 (ii)）などがある。

1.2　塑性加工とは

塑性加工とは，材料の**塑性変形**（plastic deformation）を利用して，目的の形状をつくることである。塑性変形とは「元に戻らない変形」のことである。粘土を変形させて形をつくるのと同じイメージである。金属の場合，固体状態で，ある程度以上の力をかけて板を曲げたり，金型を押し付けて塊をつぶし，別の形に変えたりすることができる。「形をつくる」加工としては，塑性加工以外に，削って形をつくる**切削加工**や，近年 3D プリンタに見られるような**付加加工**があるが，塑性加工は生産速度が速く，材料の無駄も少ないという特徴がある。

塑性加工を行うにはなんらかの「型」を使うことが多い。自動車の外板であれば，平板を金型でプレスして，曲面をもった板を作製する。駆動軸に使われる部品は金属の塊を金型で押し込んで（鍛造），必要な形状をつくる。アルミサッシのような形材（かたざい）は，その断面形状の出口をもつダイを用いて，円柱ビレットをコンテナ内で加熱・加圧し，ダイ出口から押し出して製作している。このようになんらかの型を使って加工する塑性加工の最大の特徴は，生産速度が速いことである。切削加工や付加加工で少しずつ形をつくるよりも，型に合わせて一度に形をつくるほうが圧倒的に速いのである。

一方，プラスチック部品の製作で一般に使われる加工法は，**射出成形**

(injection molding) である。これはプラスチック（熱可塑性樹脂）を溶融状態まで加熱して金型内に注入し，その後冷却して成形品を取り出す方法である。プラスチックを固体の状態で塑性加工することはない。プラスチックは細い高分子の繊維が絡まった状態にあり，固体の状態では，金属のような変形をしないからである。溶融温度状態になれば，絡まった高分子が移動するようになる

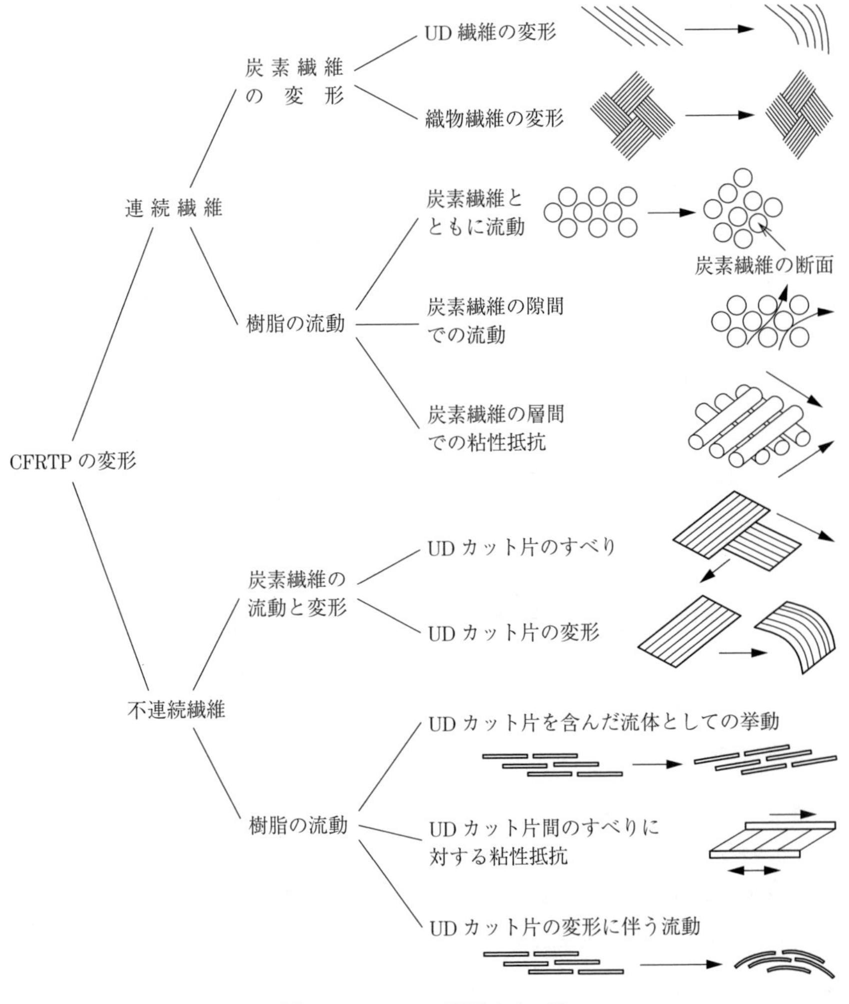

図 1.2　CFRTP の変形イメージ

ので，溶融状態にして流動させるという加工方法を使っている。「元に戻らない変形」という意味では，射出成形も塑性加工なのであるが，一般に射出成形を塑性加工とは呼んでいない。しかし，「元に戻らない変形」という点は共通である。

それでは，「CFRTP の塑性加工」とはなんだろうか。CFRTP は炭素繊維の隙間を熱可塑性樹脂で埋めたものである。変形させるためには，樹脂を溶融状態にしなければならない。一方，炭素繊維は加熱しても固体のままで，繊維の長さも変わらない。炭素繊維は細いので，髪の毛のようにしなるだけである。しかし，樹脂を溶融状態にして，金型などでプレスし，その後樹脂を固体状態まで冷却すれば，元の形には戻らない形にすることができる。このようにして目的の CFRTP 形状をつくることを本書では**CFRTP の塑性加工**と呼ぶ。変形のメカニズムは異なるが，金属の塑性加工と同様な CFRTP の塑性加工を行うことができれば，CFRTP 部品が量産でき，社会に普及することができるはずである。CFRTP の変形イメージを**図 1.2** に示す。CFRTP は炭素繊維と樹脂の複合材料であるため，変形させる場合，炭素繊維の動きと樹脂の動きをそれぞれ考える必要がある。炭素繊維の変形のイメージと樹脂の流動のイメージをもちながら，「元に戻らない変形」＝塑性加工を考えることが大切である。

1.3　金属の塑性変形と CFRTP の塑性変形

1.3.1　金属の塑性変形

金属が塑性変形するメカニズムは，材料の中で**すべり**が起こることである。金属材料の内部には**図 1.3** に示すような**転位**（dislocation，原子の層が余計に入っているところ）があって，ある程度以上のせん断応力をかけると，この転位が移動して原子どうしの結合がずれる。これがすべりである。また逆に，最初は転位がなくても，ある程度以上のせん断応力をかけると材料内部に転位が発生し，この転位が移動すれば一つずつの結合がずれていくことで塑性変形が起こる。すべる方向の原子間の結合を一度にずらすには大きな力が必要である

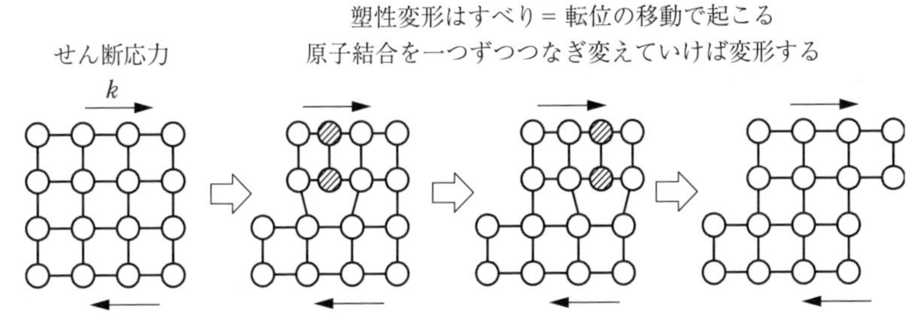

図 1.3　金属の塑性変形のメカニズム

が，一つずつ結合をずらす力を与えるだけで，塑性変形を引き起こすことができる。

このミクロモデルと力学とのつながりを**図 1.4** に示す。塑性変形（転位の移動）を起こす応力の条件が**降伏条件**である。材料内の最大せん断応力がある限界値を越えたらすべりが生じると考えるのが**トレスカの条件**，材料のせん断ひずみエネルギーがある限界値を越えたらすべりが生じると考えるのが**ミーゼスの条件**である。直観的には，ある限界のせん断応力を越えたら転位の移動が起こってすべりが生じ，塑性変形が起こると考えればよい。

この材料内ですべりが起こることによって変形が起こるということは，つぎ

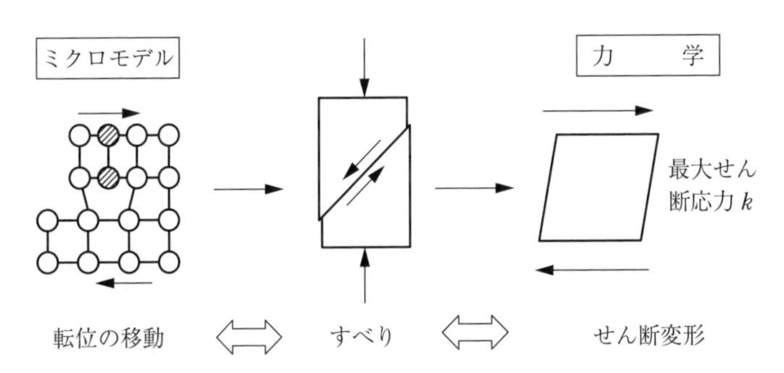

図 1.4　金属塑性変形のミクロモデルと力学とのつながり

のような重要な意味をもっている。

一つは，材料内ですべりが起こるだけなので，変形前も変形中も変形後も体積が変化しないことである。例えば，上下に押されて左右方向に伸びた場合，奥行方向に拘束されていれば，上下に2分の1まで圧縮されたら左右には2倍に伸びることになる。

もう一つ金属の塑性加工で大事なことは，降伏条件に達する応力をかけなければ材料は変形しないことである。力をかけて材料を変形させても，力を抜けばその形が残る。これも金属の塑性加工の重要な特徴である。

1.3.2　CFRTP の塑性変形

CFRTP は炭素繊維束の隙間に熱可塑性樹脂をしみ込ませたものである。炭素繊維1本の太さは7 µm 程度である。髪の毛の太さが50 µm 程度なので，その10分の1ぐらいの太さである。炭素繊維の比重は1.8，樹脂の比重は1.2程度（樹脂によって比重は異なる）なので，CFRTP 中の炭素繊維の体積割合 Vf（volume fraction）が50%であれば，CFRTP の比重は1.5となる。

この CFRTP を塑性加工するためには，熱可塑性樹脂が溶融する温度域まで加熱する。そうすれば，熱可塑性樹脂は流動できるようになる。一方，炭素繊維は溶融せず，したがって炭素繊維そのものは塑性変形しない。炭素繊維は弾性変形（力を除けば元に戻る変形）で曲がるだけである。しかしとても細いので，炭素繊維を曲げて力を抜いても直線に戻るわけではない。髪の毛がしなるような（髪の毛よりもずっと細いのでもっとしなりやすい）イメージである。したがって，熱可塑性樹脂で炭素繊維どうしの隙間を埋めた CFRTP が変形するということは，炭素繊維の間の樹脂が流動することで炭素繊維がしなったり，移動したりするということである。そして，樹脂が溶融温度以下で固化すれば，しなった炭素繊維がそのまま固定される。

この CFRTP の変形のメカニズムを本書で詳しく解説していくが，基本的なイメージとしては，炭素繊維の長さは変化せず，織物の炭素繊維であれば，交差する炭素繊維の角度が変化したり，炭素繊維の束が広がったりするといった変形である。

1.4 変　形　抵　抗

1.4.1 金属塑性加工の場合の変形抵抗

金属材料の塑性加工を行う場合，まず問題になるのは，その材料の加工を行うのにどれだけの荷重が必要かということである。必要な荷重に応じて，その荷重を発揮できるプレスなどの加工機械を選定する。金属の場合，塑性変形を起こすためには，材料内の**せん断応力**が**せん断降伏応力**に達する必要がある。この材料を塑性変形させるために必要な応力を，**変形抵抗**とも呼ぶ。単純に円柱形状の材料を押しつぶすような一軸圧縮であれば，材料の一軸の圧縮降伏応力をかければよいが，金型内で必要な形状をつくるためには狭い部分へ材料を送り出す必要があるため，押し込む応力が累積して単純な圧縮降伏応力よりもずっと高い応力が必要になる。そのことを理解するための基本的な原理を**図1.5**に示す。紙面に垂直な方向には材料が動かないとする。図(a)では一軸圧縮なので，圧縮降伏応力 Y を与えればよい。図(b)になると，①の部分は横向きに圧縮するのと同じなので，横向きに圧縮降伏応力 Y を与えればよい。しかし，②の部分で①を押すための横向きの応力 Y を与えるためには，上下から $2Y$ の応力を与えないと②内の降伏条件を満たせない。したがって，材料を後方に押し出すために降伏応力の2倍の圧力をかけないと塑性変形しない。図(c)になると，①の部分を横に押し出すために，縦に応力 Y で押す必要があり，②の材料を①方向へ押し出すために，横向きに $2Y$ の応力が必要である。そして③では②に向かって $2Y$ をかけるためには，上下方向に $3Y$ で加圧する必要があり，結果として降伏応力の3倍の応力で加圧する必要がある。このようにブロックごとに降伏条件を考えて必要な応力を求めていくことを**スラブ法**と呼んでいる。この例では，まだ材料と工具表面との摩擦による応力の増大を考慮していないが，まずは簡単に必要な応力を検討することができる。金属の塑性加工においては，このように，全体を変形させるための荷重をあらか

パンチ圧力 Y が必要
（Y：圧縮降伏応力）
降伏条件：$\sigma_1 - \sigma_2 = Y - 0 = Y$

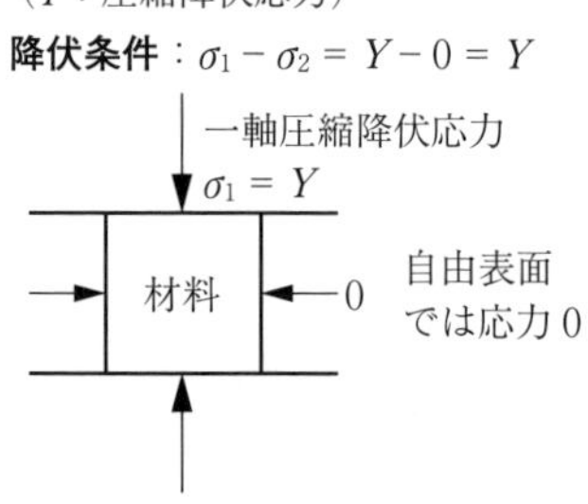

（a）一 軸 圧 縮

パンチ圧力 $2Y$ が必要

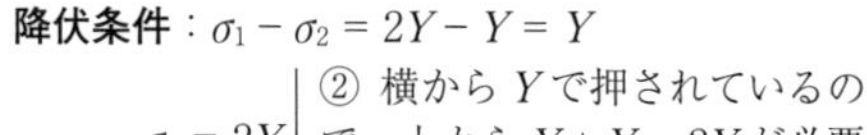

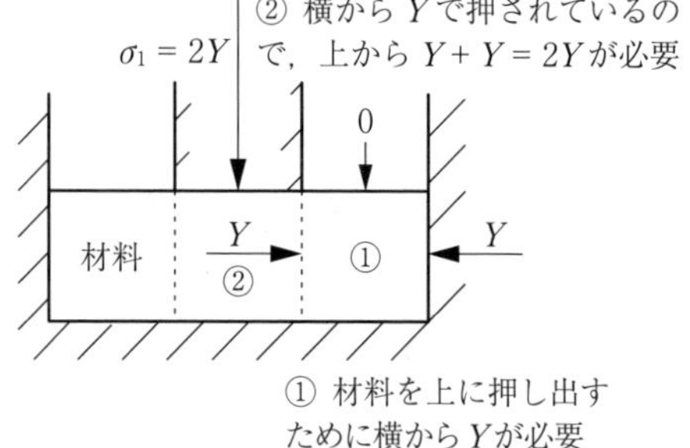

（b）材料を後方に押し出す圧力

パンチ圧力 $3Y$ が必要
降伏条件：$\sigma_1 - \sigma_2 = 3Y - 2Y = Y$

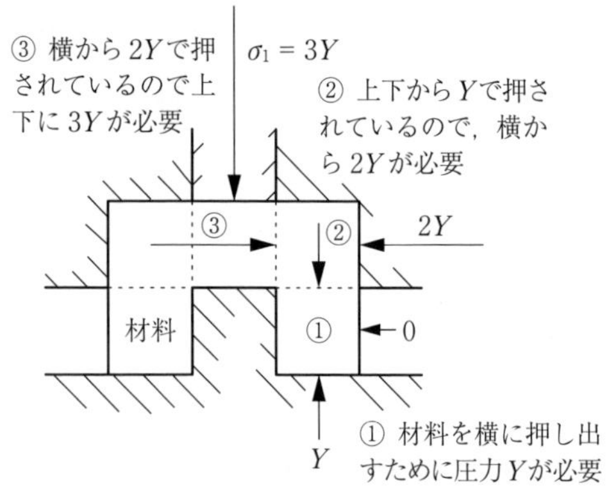

（c）材料の変形方向を変える圧力

図 1.5　金属材料を変形させるために必要な圧力

じめ見積もることはとても重要である。

1.4.2　CFRTP の場合の変形抵抗

これに対し，CFRTP を塑性加工する場合，熱可塑性樹脂は溶融状態になっているので，金属のような「変形抵抗」はほとんどない。樹脂そのものが示すのは，絡まった高分子がすべる際の**粘性抵抗**である。この粘性抵抗は高分子どうしがすべり合う際のせん断応力であり，一般にニュートン流体では，**せん断速度**にせん断応力が比例する。高分子のような非ニュートン流体では，変形を始める初期の抵抗が高く，変形が大きくなると樹脂の方向がそろってきて抵抗が下がるといった挙動をする。しかし，このような流動の際の粘性抵抗は金属のせん断降伏応力に比べるとはるかに小さい。読者にはそれでも材料温度が溶融状態から温度が下がって固体状態に近づいてきたら粘性抵抗が増大すると考える人もいるだろう。しかしそのように固体に近い状態で無理やり変形させようとしても，高分子鎖が切れてしまってき裂が発生したりする。したがって，塑性変形自体は十分に樹脂材料が溶融して流動する状態で行う必要がある。

したがって，CFRTP の塑性変形抵抗自体は金属の塑性変形に比べると無視できるぐらい小さい。しかし，CFRTP の場合，形をつくった後に圧力を付加しながら冷却を行う必要がある。これについて次節で述べる。

1.5 塑性加工の温度と圧力

1.5.1 金属の場合の温度と圧力

金属の塑性加工の場合，高い降伏応力を下げるために，材料を加熱して加工する場合がある。これを**熱間加工**という。正確には金属が再結晶を起こす温度域で加工するものを熱間加工という。室温で塑性加工（これを**冷間加工**と呼ぶ）した場合，転位が集積したりぶつかり合ったりして降伏応力が高くなるが，熱間温度域にしておけばすぐに再結晶が起こって転位を解消してくれる（これを**回復**という）ので，変形抵抗が低い状態で加工することができる。「鉄は熱いうちに打て」とはこのことである。したがって，金属の塑性加工で温度を上げて加工するのは加工荷重や圧力を下げるためである。

1.5.2 CFRTP の場合の温度と圧力

一方，CFRTP を加熱して加工するのは，熱可塑性樹脂を溶融状態にして流動させるためであり，変形の際に必要な加圧力は低い。しかし，変形させたまま放っておくわけにはいかない。金属の場合には荷重を除けばそのまま形が残るが，CFRTP の場合は樹脂が溶融状態になっているので，目的形状にした後すぐに型を開いてしまうと，樹脂が固まっていないので形が崩れてしまう。形を固定させるためには，樹脂が固化する状態まで温度を下げなければならない。したがって，金型内で形をつくった材料を冷却しなければならない。この冷却過程で樹脂は体積収縮する。金型で形をつくった後そのまま金型を固定していると，樹脂の収縮によって成形品の表面にへこみ（**引け**）が生じたり，材料内に空隙（**ボイド**）が発生したりする。炭素繊維表面と樹脂表面とをしっかりと密着させることが必要である。そこで，樹脂が固化するまで加圧をつづける必要がある。樹脂の射出成形の場合は，樹脂が冷却するまでスクリューによる加圧をつづけ，熱収縮を補うための材料を供給する。この過程を**保圧**という。CFRTP の塑性加工においても，樹脂が固化するまでの間，樹脂の体積収縮に対応して加圧をつづける必要がある。

1.6 材料の強度

1.6.1 金属材料の強度

金属材料は概(おおむ)ね「等方的」である。「等方的」とは，どの方向に引っ張っても強度がほとんど同じということである。したがって，加工にあたっては形さえつくれればよいという発想になる。金属には，塑性加工によって金属の結晶粒が細長く並んでその方向には強度が高くなるといった「鍛流効果」などがあるが，概ね強度は等方的である。したがって形をつくる加工として，切削加工のように削って形をつくる方法や，鋳造のように流し込んで形をつくる方法など，いろいろな選択肢がある。

1.6.2 CFRTP の強度

一方で，CFRTP の場合，強度を発揮するのは炭素繊維であり，炭素繊維は引っ張られたときに破断するまでの応力が 3～7 GPa 程度と高いこと，その比重が1.8と金属に比べて軽いことが特徴である。表現を変えれば，繊維方向にしか強くないともいえる。材料の中でも，引っ張る方向によって強度が大きく異なる「異方性」の強い材料である。したがって，できるだけ等方的な強度をもたせるため，材料内で繊維がいろいろな方向を向いているものをつくろうとする。例えば，飛行機のボディをつくる場合，いろいろな方向をもった炭素繊

コラム1

CFRPの歴史

炭素繊維（PAN系炭素繊維）の発明者は日本人である。工業技術院大阪工業技術試験所の進藤昭男氏（1926年～2016年）がポリアクリロニトリル（PAN）を蒸し焼きにして炭素繊維を生成する方法を開発し，1959年に特許を出願した。

1971年から東レ（株）が炭素繊維の商業生産・販売を開始した。その後東邦レーヨン（その後東邦テナックス，現在は帝人）や三菱レイヨン（現在は三菱ケミカル）も商業生産を開始した。

炭素繊維の生産量は2019年に世界で8万トンであり，日本メーカーの3社が7割のシェアを占めている。

【航空機への適用】

日本では，スポーツ用品などに需要が限られていたが，海外では，航空機分野への適用が進み，ボーイングが2006年に新型旅客機「ボーイング787」の構造材に東レの炭素繊維を全面採用することを発表した。ボーイング787は2011年から就航し，機体の50%がCFRPでつくられている。三菱重工，川崎重工，富士重工が主翼，中央翼　胴体中央部などを生産し，ボーイングのシアトル工場に送られ，組み立てられている。またエアバスA350 XWB（2015年運用開始）も機体の53%がCFRPで製作されている。

【自動車への適用】

航空機に全面的にCFRPが採用されたことから，自動車へも採用が検討されるようになった。トヨタ自動車は2010年～2012年にボディをCFRPで構成したレクサスLFAを限定500台（1日1台のペースで）生産した。またBMWは，2014年に，ボディをCFRPで製作した電気自動車i3の量産を開始し，2020年に20万台目が生産されている。これらのCFRPはすべて熱硬化性樹脂を用いたCFRPであるが，帝人は2011年に熱可塑性CFRPをGMの車両に適用することでGMと提携し，2019年からピックアップトラックの荷台などに適用されている。

維のシートを順番に重ねていく。この順番を間違えないように，作業者には，1層目，2層目，3層目ごとにライトで繊維方向を示す，といった工夫がされている。

したがって，CFRTP で形状をつくる場合，その形状に対してどのような繊維方向をもたせるか，ということがとても重要になる。このようなことを考えなくてすむように，炭素繊維をある程度の長さに切っていろいろな方向に分散した CFRTP 材料をつくろうという考えも，現在の大きな流れの一つである。

以上，CFRTP の塑性加工を考えるにあたって，大まかなイメージや考え方をもつため，金属の塑性加工やプラスチックの射出成形と比較しながら概説した。このようなことをあらかじめ念頭に置けば，次章以降の意味がわかりやすくなるはずである。

2 炭素繊維と熱可塑性樹脂

2.1 炭　素　繊　維

炭素繊維にはPAN系とピッチ系の2種類があるが，飛行機や自動車に使われている炭素繊維は主にPAN系という，ポリアクリロニトリル（アクリル繊維）からつくられた炭素繊維である。炭素繊維の製造工程は，**図2.1**のように，前処理工程である耐炎化工程と，炭素繊維をつくる炭化工程からなる[1)†]。アクリル繊維から炭素繊維まで，分子構造ができ上がっていくイメージを**図2.2**に示す[2)]。耐炎化工程では200〜300℃の空気中でアクリル繊維（図(a)）を加熱し，いわゆるベンゼン環がつながったチェーンのような繊維（図(b)）に変える。炭化工程では，窒素雰囲気中で1 000〜2 000℃に加熱して，ベンゼン環が

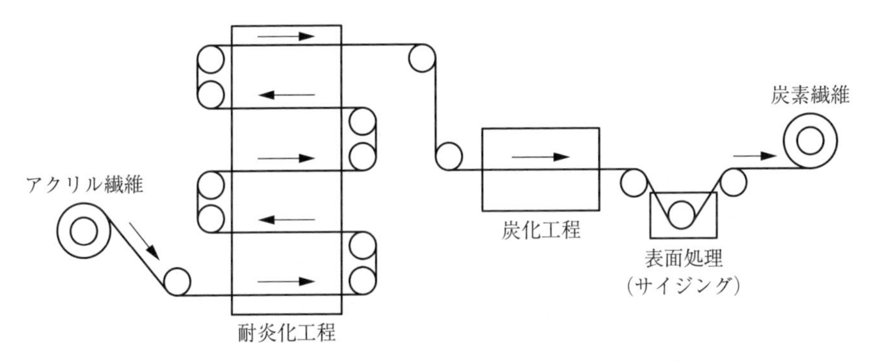

図2.1　炭素繊維の製造工程

† 肩付き数字は，章末の引用・参考文献の番号を表す。

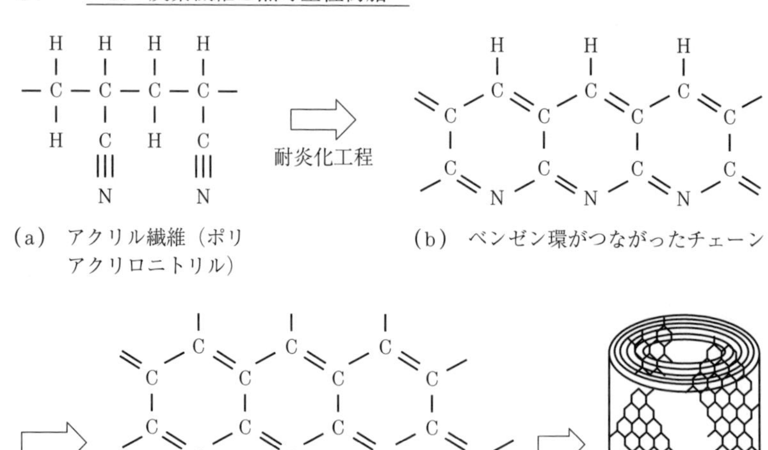

（a） アクリル繊維（ポリアクリロニトリル）　（b） ベンゼン環がつながったチェーン

（c） ベンゼン環が平面状につながる　（d） 炭素繊維のイメージ

図 2.2　アクリル繊維から炭素繊維への分子構造成形プロセス

平面状につながった構造をもつ炭素繊維（図(c),(d)）をつくる。このベンゼン環の結合力が強く，繊維軸方向につながっているので強度が高い。つぎの表面処理工程は，炭素繊維の表面に CFRP をつくるときの樹脂につきやすい作用基を付ける工程で，**サイジング**と呼ばれている。

炭素繊維 1 本の太さは 5〜7 μm で髪の毛の 10 分の 1 ぐらいの太さである。つまり炭素繊維 100 本で髪の毛 1 本と同じ断面積になる。引張強さは 3〜7 GPa の大きさがある。強度が高い炭素繊維は，繊維の表面がなめらかに仕上がっている。炭素繊維は 3K，6K，12K，24K などの束で市販されている。ここで K とは 1 000 本の意味で，3K といえば，3 000 本の束（髪の毛で 30 本分の太さ）であることを意味している。束の中の本数が多いほど，単価は安くなる。その理由は，上記の炭素繊維をつくる工程で，アクリル繊維をまとめた状態で製造できるからである。

ここで炭素繊維の強さがどの程度のものか，ちょっと計算してみよう。炭素繊維1本の引張強さが3GPaとすると，直径7μmで耐えられる荷重は，0.115N（≒0.1154N）となる。3K（3000本）であれば，346Nの力となる。3Kの束は幅2mm，厚さ0.1mm程度で，このようなテープでこれだけの引張強さをもっている。しかし，これは3000本の繊維に均等に力がかかった場合の話で，3000本の繊維がそろわずに，ピンと張ったものもあればたわんでいるものもあるなど，ばらばらな状態であれば，ピンと張った繊維から順に破断が起こり，はるかに低い荷重でちぎれてしまうことになる。このように炭素繊維がばらばらの状態にならずに，繊維に均等に力がかかるように支えるのが，樹脂の役割である。

炭素繊維の物性として知っておきたい特徴の一つは，熱膨張率がほとんどゼロである[3)]。樹脂との複合材料をつくったときの繊維方向の熱膨張率は1×10^{-6}/K程度である。

2.2 熱可塑性樹脂

つぎに**熱可塑性樹脂**について述べる。炭素繊維を支える材料として樹脂が用いられる理由は，比重が小さいからである。炭素繊維の比重は1.8，樹脂の比重は1.2程度なので，炭素繊維と樹脂の体積割合が50%ずつであれば，比重は1.5となる。

熱可塑性樹脂は，その名のとおり，加熱すれば溶融する樹脂である。ポリエチレン（PE，図(a)），ポリプロピレン（PP，図(b)），ナイロン6（PA6，図(c)），ポリカーボネート（PC，図(d)）の分子構造を**図2.3**に示す。一般によく使われるこれらのプラスチックは，すべて熱可塑性樹脂である。炭素が鎖のようにつながった高分子であるが，その長い高分子どうしは絡まっているだけで，手をつないでいない。この材料を加熱していくと，ある温度以上になると，絡まった分子がすべりやすくなり，力をかけると変形するようになる。これが溶融温度である。ポリエチレンであれば，120〜140℃，ポリプロピレンでは168℃，ナイロン6（ポリアミド樹脂）で225℃ぐらいである。ポリエチレ

```
    H   H   H   H              H   H    H   H
    |   |   |   |              |   |    |   |
…―C―C―C―C―…       …―C―C―C―C―…
    |   |   |   |              |   |    |   |
    H   H   H   H              H  CH3   H  CH3
```

(a) ポリエチレン　　　(b) ポリプロピレン

```
アミド結合  O   H   H   H   H   H
        ↘  ‖   |   |   |   |   |
…―N―C―C―C―C―C―C―…
     |   |   |   |   |   |   |
     H   H   H   H   H   H   H
```

(c) ナイロン6

```
          C―C       CH3       C―C
         //  \\      |        //  \\
…―O―C      C―C―C      C―O―C―…
         \    /      |        \    /      ‖
          C＝C       CH3       C＝C       O
```

(d) ポリカーボネート

図 2.3　熱可塑性樹脂の分子構造

ンは，最もシンプルな高分子で，エチレンが重合して単純にCの鎖にHだけが付いたものである。熱可塑性樹脂の中で最も生産量が多いが，溶融温度が低いため，強度は高くない。一方ナイロンなどは，炭素結合の途中にアミド結合など，結合力の強いつながりが入っていて強度が高い。

熱可塑性樹脂には，**結晶性樹脂**と**非晶性樹脂**とがある。結晶性樹脂というのは，溶融状態から温度を下げて固化するときに，**図 2.4**(b)のように，高分子が折りたたみ構造をつくって固まっていくものである。ゆっくりと冷却するほ

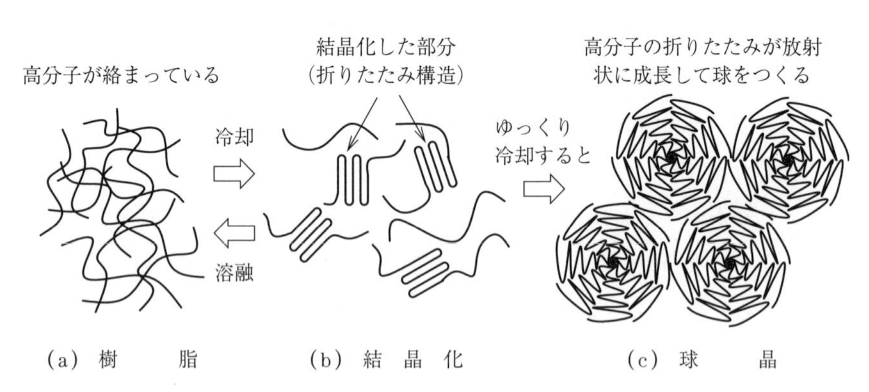

図 2.4　結晶性熱可塑性樹脂の冷却に伴う結晶化

ど，この結晶構造がつくられていく。つまり急速に冷却したときには高分子が絡まった状態で固化するのだが，ゆっくりと冷やすと高分子の折りたたみ構造部分が増えてくる。非常にゆっくりと冷却したときは，この結晶が球形になって成長する。これを**球晶**と呼んでいる（図(c)）。樹脂の中で結晶化した状態の割合を**結晶化度**という。この結晶化に伴って体積が収縮する。つまり結晶化度が大きいほど，体積収縮が大きい。一方，非晶性樹脂は，このような結晶構造をつくらない樹脂である。ポリカーボネートなどは非晶性樹脂である。

熱可塑性樹脂の成形法の最も一般的な方法が，**図2.5**に示す射出成形である。樹脂のペレットを加熱したシリンダに供給し，シリンダ中のスクリューを回転させてペレットを溶融させながら前方に送り出す（図(a)の**計量**)。送り

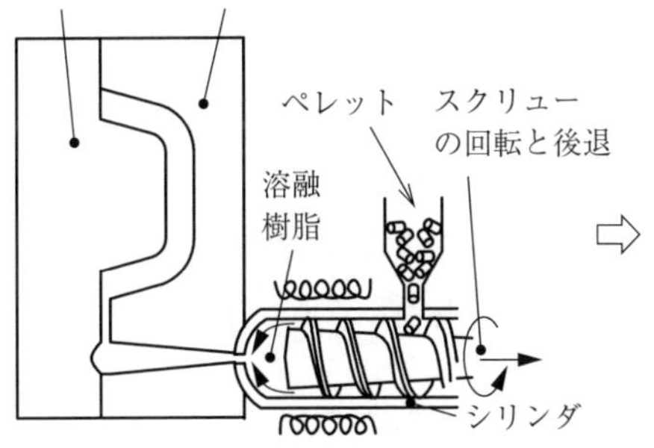

(a) **計　量**：スクリューを回転させながら後退し，溶融樹脂を成形品の体積分だけ前方に押し出す

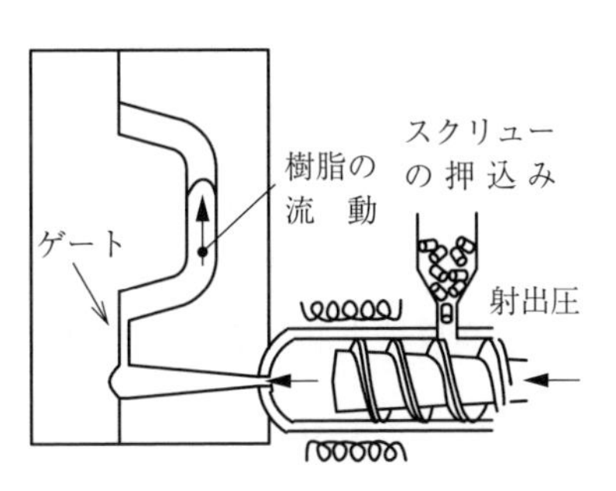

(b) **射　出**：スクリューの回転を止め，軸を前方に押して樹脂を金型内に注入する

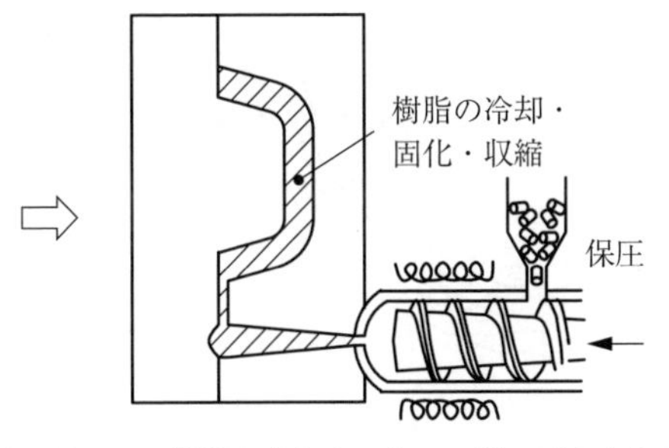

(c) **保　圧**：樹脂が冷却するまでの間，圧力をかけつづける

図2.5　射出成形の工程

出した樹脂をスクリューの回転を止めて押し込み，ゲートから金型の中に注入する（図 (b) の**射出**）。金型の中で樹脂を冷却・固化して（この間，圧力をかけつづける，図 (c) の**保圧**），成形品を得る。

この射出成形で重要なパラメータが，**射出圧**と**保圧**である。射出圧，すなわち射出する圧力は，ゲートから樹脂を注入するときに押し込む圧力で，100 MPa 程度である。なぜ 100 MPa も必要かというと，樹脂は溶融状態でもたいへんに粘度が高く，流動させるのに大きな圧力が必要だからである。流動の仕方は，アルミニウム合金のダイカストなどとはまったく異なる。ダイカストでは，溶融したアルミニウム合金の粘度が低いので，水鉄砲のように溶融金属が注入されるが，樹脂の場合は，粘度が高いので，ゲートからの距離が近い所から，放射状に順番に樹脂が充填されていく，途中でリブ（金型としては溝）があれば，そのリブを埋めてから先に進んでいく。この樹脂の流動を解析するのが**流動解析**である。一方，保圧というのは，樹脂が金型内に充満した後に，スクリューからの圧力付加をつづけることである。通常，射出圧力の 60～80% 程度の圧力をかけつづける。その理由は，先述したように，樹脂が固化するときに体積収縮するので，充填した後，樹脂が固化しないうちに圧力を抜いてし

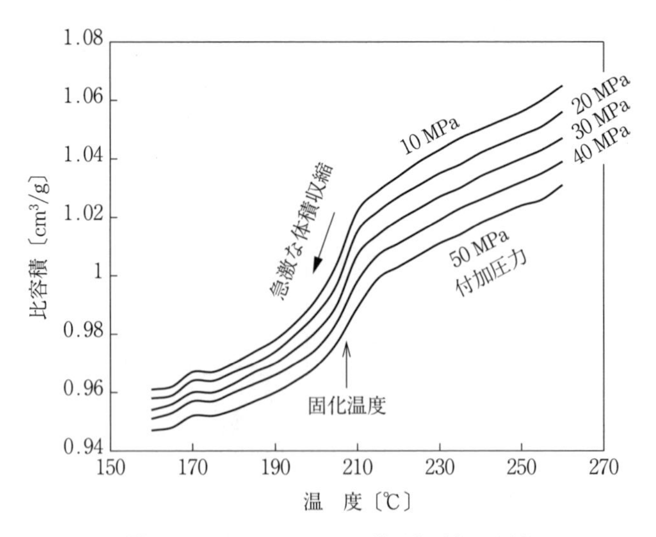

図 2.6　ナイロン 6 の PVT 線図を測定した例

まうと，固化に伴って収縮して表面にくぼみ（引け）ができたり，欠肉部分が生じたりするからである。樹脂は熱伝導率が低いため，固化するまでには時間がかかる。樹脂の射出成形では，成形品の肉厚を 2 mm 程度に統一するのが基

コラム 2

射出成形技術

一般のプラスチック製品は，熱可塑性樹脂を用いた射出成形でつくられている。射出成形機は世の中で非常に多く使われている。

【射出成形機】

射出成形機は樹脂のペレット（3〜5 mm 程度の大きさの粒）を筒の中のスクリューで押し込みながら加熱・溶融させ，溶融した樹脂を金型のゲートから押し込んで，金型内の空洞（キャビティ）に流動させ，製品形状に充填して冷却・固化させる。スクリューからの圧力（100 MPa 程度）が金型内に伝わり（60 MPa 程度），この圧力で金型が開かないように金型を閉じておく力を**型締力**（かたじめりょく）といい，成形品が大きいほど大きな型締力が必要となる。例えば，名刺サイズ（91 mm × 55 mm）の成形品に 60 MPa の圧力がかかるとその荷重は 30 トン（300 kN）になるので，型締力 50 トン（500 kN）の射出成形機が必要になる。

【射出成形現象】

溶融した樹脂が金型内に流動する現象や，金型内充填後の体積変化・形状変化などに関しては，現在活発に研究されている。金型の温度は溶融樹脂の温度よりも低くなっているので，金型表面に接触した樹脂はただちに固化し，金型表面から固化層が成長する。この固化層の間の隙間を溶融樹脂が流れ，流動の先端で樹脂が押し出されて新たな層をつくりながら進んでいく。流動した樹脂が合流するような部分があると，その部分で樹脂の高分子がよく交じり合わないといった問題が生じるので，このような部分の樹脂がよく交じり合うように工夫する必要がある。

【射出成形金型】

射出成形でつくる成形品はとても複雑な形状をしていることが多い。金型設計者は，その成形品をつくるために多数の分割金型を組み合わせて構成する。成形品の側面に横穴があいた形状をつくるような場合，型締め，型開きに合わせて，自動的に横穴のピンがスライドして組めるようなスライド金型構造をつくったりする。射出成形の金型をつくる技術は，「金型技術」として，日本の技術がたいへん優れているところである。

本となっている。途中で肉厚の厚い部分があると，その部分だけ冷却時間が長くなり，したがって成形サイクルも長くなり，また収縮が大きくなって成形品の引けや反りが生じやすくなるからである。

樹脂の熱収縮を把握するのに必要な特性図が**PVT 線図**である。これは，一定の圧力の下で樹脂を溶融状態から冷却していったときに，体積がどのように変化していくかを示したものである。ナイロン 6 の PVT 線図を測定した例を**図 2.6** に示す。同じ圧力をかけたまま冷却していくと，210℃から 190℃にかけて体積が急に減っている。この辺りで結晶化が起こって体積が急に減少するのである。

一方，樹脂の固体を加熱して溶融する温度は，溶融樹脂を冷却して固化する温度よりも高い。PA6 の場合，加熱して溶融する温度は 225℃である。つまり加熱するときは溶けにくく，冷やすときには固まりにくいのである。

引用・参考文献

1) 川上大輔：カーボン繊維，SEN'I GAKKAISHI（繊維と工業），**66**，6，pp.184-191 (2010)
2) 額田健吉，小堀清臣：アクリル系炭素繊維の構造形成過程，高分子，**23**，267，pp.445-448（1974）
3) 村山和永，田中豊喜：炭素繊維強化複合材料の熱膨張特性，材料，**25**，272，pp.417-421（1976）

3 CFRTP の 材 料

3.1 一方向繊維シート（UD シート）

一方向（uni–direction）の炭素繊維の隙間に熱可塑性樹脂をしみ込ませたものを**一方向繊維シート（UD シート）**という。炭素繊維は 1 本の太さが 5～7 μm で，3K（3 000 本）とか，12K（12 000 本）などの単位で束になっている。熱可塑性樹脂は溶融しても粘度が高いため，束のままでは，細い炭素繊維の隙間に樹脂をしみ込ませるのが難しい。そこで，繊維を**図 3.1**(a)のように，幅方

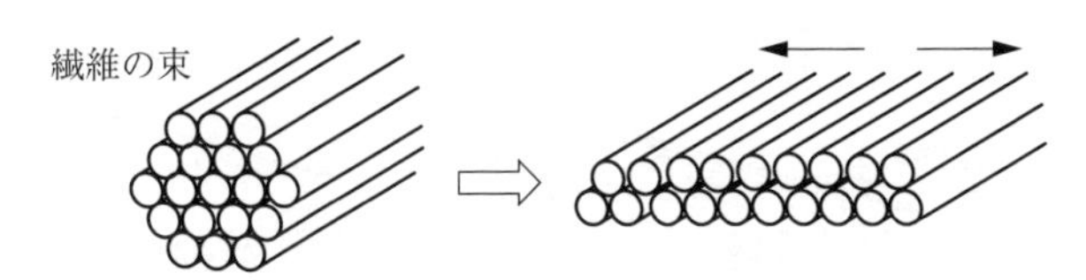

(a) 開繊または拡繊

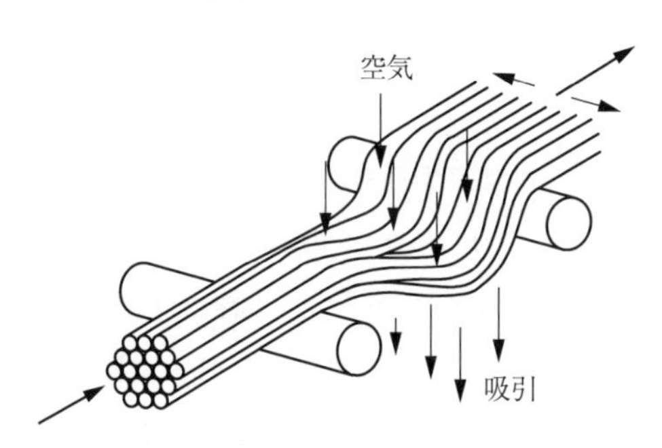

(b) 開繊技術の例（福井県工業技術センターで開発された技術）

図3.1 開 繊 技 術

向に広げて隙間に樹脂をしみ込ませやすくする。これを**開繊**（かいせん）とか，**拡繊**（かくせん）と呼んでいる。開繊の方法には，空気を横から吹きかける方法やローラに沿わせながら超音波をかける方法などがある。図(b)は福井県工業技術センターで開発された，繊維束に横から空気流を当ててたわませ，幅を広げる手法のイメージである[1),2)]。

熱可塑性樹脂を炭素繊維の隙間にしみ込ませる方法として一般的な方法は，**図3.2**のように炭素繊維の束を熱可塑性樹脂のフィルムで挟んで加熱圧縮する方法である。樹脂を溶融温度まで加熱し，圧力をかけて炭素繊維の隙間に溶融した樹脂をしみ込ませる。プレスを用いて加圧することもできるし，大量に製作する場合は，ダブルベルトプレスという上下のローラベルトの間に炭素繊維をサンドイッチしたフィルムを送り込み，加熱・加圧・冷却を順に行って冷却されたシートをつくり出す方法が用いられる。樹脂が炭素繊維の隙間にしみ込む単位面積・単位時間当りの流量は，圧力勾配に比例するという**ダルシー則**の考えに基づいて，含浸させる時間や圧力が設定されている。

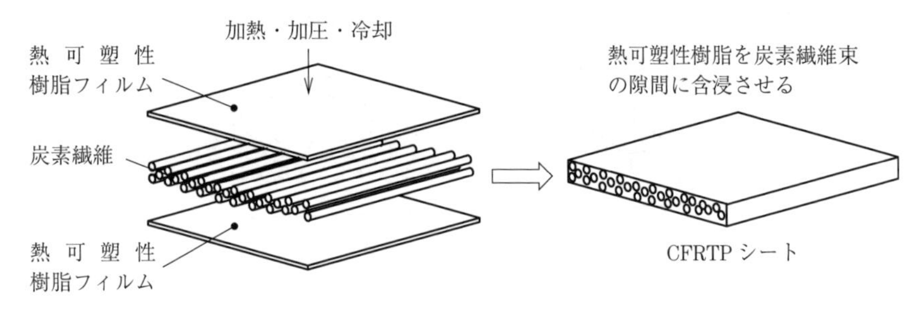

図3.2　熱可塑性樹脂を炭素繊維に含浸させる方法の例

一方向繊維の隙間に熱可塑性樹脂をしみ込ませたシートが**図3.3**(a)のように市販されている。このようなシートの断面を観察したのが図(b)や図(c)である。図(b)は厚さ0.16 mmのシートの断面を観察したもので，炭素繊維の束と束の間に隙間が残っている傾向が見られる。図(c)は厚さ0.1 mmのシートの断面を観察した例で，厚さ0.05 mmの層を2層重ねて製作されているので，上下の間に樹脂だけの層が残っている。いずれにしても炭素繊維1本

(a) UDシートの例

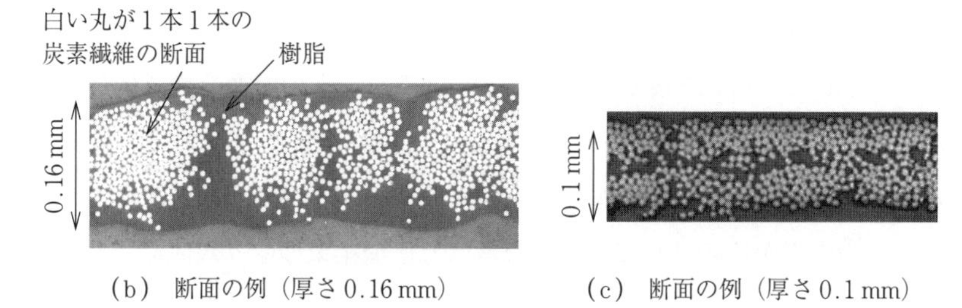

(b) 断面の例（厚さ0.16 mm）　(c) 断面の例（厚さ0.1 mm）

図3.3 UDシートの例

1本の間の隙間には樹脂が含浸されている。

3.2 織物繊維シート

炭素繊維を織って布のような状態にしてから熱可塑性樹脂をしみ込ませたものが，**織物繊維シート**である。繊維の織り方には，**図3.4**に示すように，平織（ひらおり，図(a)），綾織（あやおり，図(b)），繻子織（しゅすおり，図(c)）などがある。平織とは**縦糸**（**経糸**）と**横糸**（**緯糸**）を1本（1束）ずつ

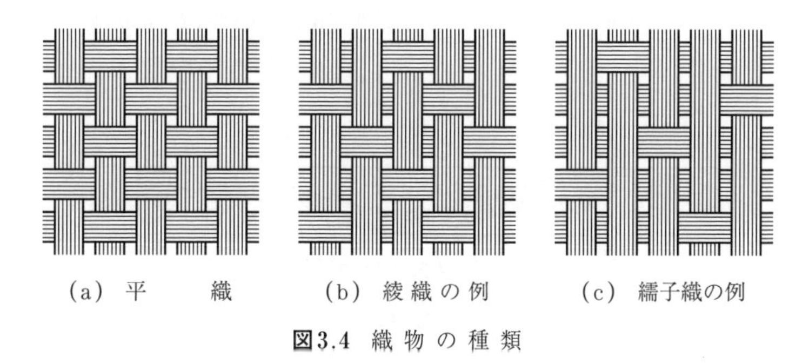

(a) 平　織　(b) 綾織の例　(c) 繻子織の例

図3.4 織物の種類

交差させたものである。綾織は，縦糸2本ごとに横糸1本とか，縦糸3本に横糸1本などにして織ったものである。繻子織とは，5本以上の縦糸と横糸を組み合わせたものである。織る際の長手方向の糸を縦糸，それに対して幅方向に差し込む糸を横糸と呼ぶのであるが，供給された平織の布を見て，どちらが縦糸でどちらが横糸かはまず見分けがつかない。

3K（3 000本）の炭素繊維を平織にして，熱可塑性樹脂のPA6を含浸させたシートを**図3.5**(b)に示す。3Kの炭素繊維束の幅は1.6 mm程度，繊維束と繊維束の間隔は2.4 mm程度となっている。このシートの断面を模式的に描いたのが図(c)である。繊維束が交差するので，繊維は波打っている。繊維束の厚み分がサインカーブの振幅に相当し，束の間隔が半波長に相当するイメージである。繊維束が開繊されて偏平になるほど，繊維束の厚みが薄くなり，幅が広がるので，この「サインカーブ」の振幅が小さくなり，波長が長くなる。「サインカーブ」のうねりが小さいほど，繊維が直線的になるので，強度は高いと考えられている。ただし，繊維束の開繊幅を広くすると1層の厚さは薄く

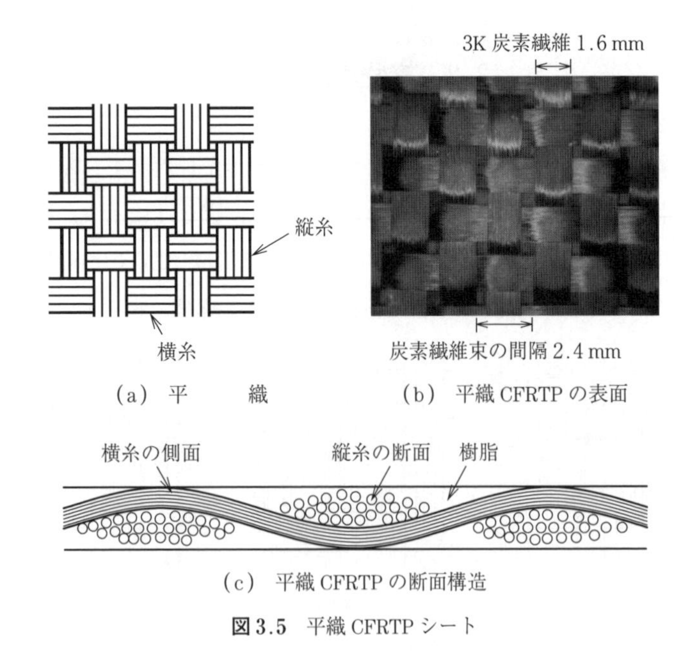

(a) 平　　織　　(b) 平織CFRTPの表面

(c) 平織CFRTPの断面構造

図3.5　平織CFRTPシート

なってくる。

3.3 積層プレート

CFRTPのシートを1層だけで用いることはまずない。炭素繊維は繊維方向に引っ張られたときの強度は高いが，それ以外の方向の力には弱いので，多方向の力に耐えるためには，繊維方向の異なるシートを積層して使用する。本書ではCFRTPの1層を**シート**と呼び，シートを積層圧着したものを**プレート**と呼ぶ。熱硬化CFRPの成形などでは，成形品の型の上に，1層ごとに方向を変えた繊維を貼り付けていき，最後に熱硬化性樹脂をしみ込ませるというプロセスをとる（p.69のコラム3参照）。しかしこの方法は時間がかかるため，量産を実現する技術としては，あらかじめ等方的な強度をもつCFRTPプレートをつくっておき，これをプレス成形するというプロセスが第一に考えられる。そのためには，プレス成形する前に，その成形品に適したCFRTP**積層プレート**を製作しておくことになる。

最も汎用的な積層プレートは，**疑似等方**と呼ばれる，炭素繊維の方向を0°，45°，90°，135°といった方向に重ねて圧着したプレートであろう。UDシートを疑似等方に重ねるイメージを**図3.6**(a)に示す。さらに細かく22.5°，67.5°，

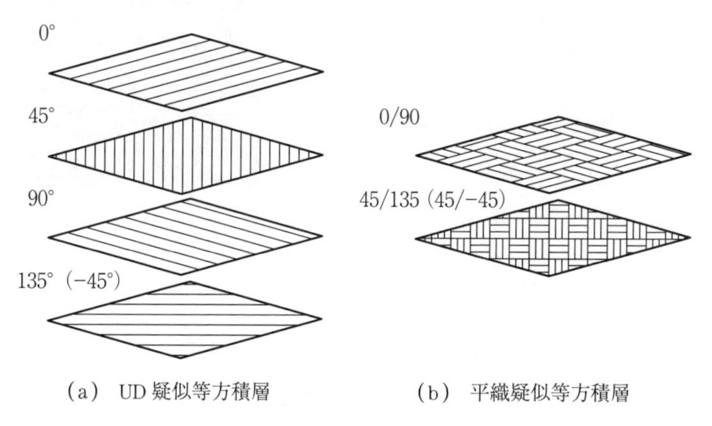

(a) UD疑似等方積層　　(b) 平織疑似等方積層

図3.6 疑似等方積層プレートの例

112.5°，157.5° 方向の繊維層を入れれば，より等方的な強度をもつ。織物繊維シートの場合は，1 層の中に 0° と 90° が含まれている（これを 0/90 と表記する）ので，図 (b) のように，45° 方向を変えて，45° と 135° の繊維を織った層（これを 45/135 と表記する）を 1 層ごとに重ねれば，同様の繊維配向をもつプレートとなる。

UD シートを積層圧着したプレート（これを一方向繊維 CFRTP プレートと呼ぶ）の断面の例を**図 3.7** に示す。図 (a) は 0° と 90° の層を重ねて圧着したシートの断面である。紙面に垂直な方向の繊維の断面は炭素繊維の断面が円形に見え，紙面に沿った方向（ここでは横方向）の繊維は繊維の長手方向の断面が見えてくるので，細長い楕円が連なった筋として見える。0° の UD シートと 90° の UD シートを交互に 10 層圧着したプレートの断面が図 (b) である。炭素繊維の横断面の円の層と横方向の筋の層が交互に見える。

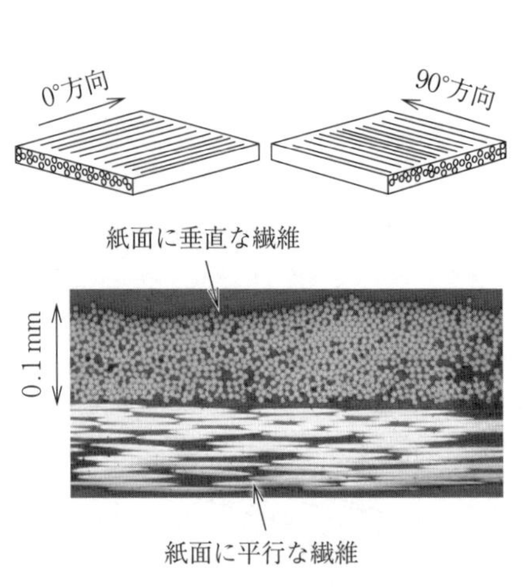

(a)　0°，90°の UD シートを積層圧着した断面

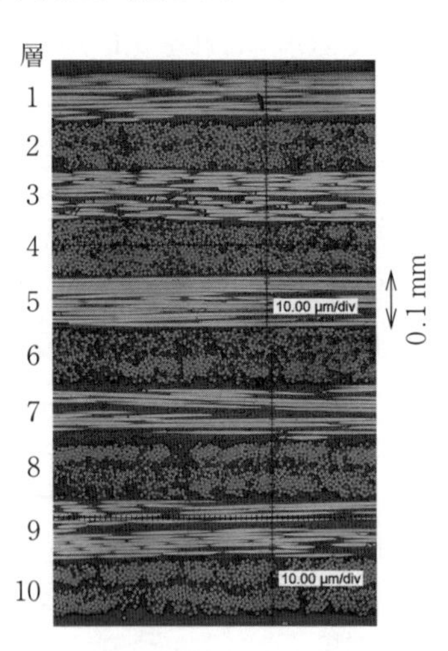

(b)　0°，90°の UD シートを交互に 10 層圧着した断面

図 3.7　一方向繊維 CFRTP プレートの例

織物繊維シートを疑似等方に積層圧着したプレートの断面の例を**図 3.8** に示す。図 (c) は，1, 3, 5, 7, 9 層に 45/135 の繊維，2, 4, 6, 8 層に 0/90 の繊維層を重ねて圧着したものである。0/90 の繊維の断面（図 (a)）は円断面と細長い筋

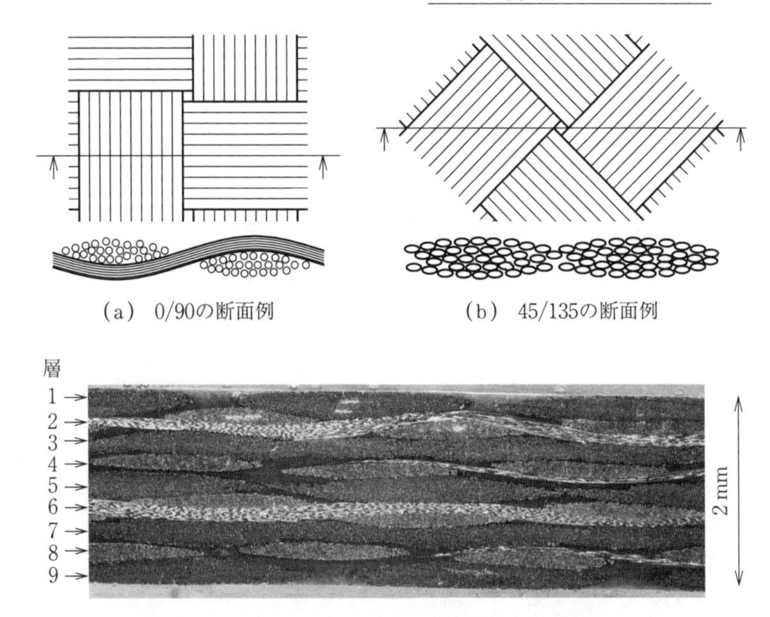

(a) 0/90の断面例

(b) 45/135の断面例

(c) 1, 3, 5, 7 層は 45/135, 2, 4, 6, 8 層は 0/90 の疑似等方積層圧着 CFRTP プレート

図 3.8 疑似等方平織 CFRTP プレートの断面

が見えるが，45° や 135° の繊維方向の断面（図 (b)）は繊維の断面が楕円（だえん）となり，この図 (b) のように繊維方向に対して 45° 方向にカットすると，45° 方向の繊維の断面も 135° 方向の繊維の断面も同じ楕円になるので，楕円の層が二つ重なり，斜めにカットしているので束の幅も大きくなって見える。

このような積層圧着したプレートを用いてプレス成形を行うことが基本となる。これまでの説明でわかるように，平面内には繊維方向が配置されているが，厚み方向には繊維の層を重ねて樹脂で圧着しただけである。したがって，厚み方向には繊維が配向されておらず，積層をはがす方向に力をかけた場合の強度は樹脂の接合強度だけである。層と層の間をつなぐには，あらかじめ繊維を織るときに層の間を縫うように織る（**3 次元織物**と呼ばれる）ことも考えられるが，そうすると今度はその後のプレス成形による変形ができなくなる。したがって，まずは積層圧着したプレートを変形させて成形する方法から考える。

積層したものを圧着せずにそのまま目的の形状へプレス成形して，その後圧着・成形するという考え方もあるが，あらかじめ圧着して樹脂による接合をしっかりつくったものから加熱して成形したほうが，層の間にボイドなどが発生することが少なく，成形後の強度は高い。

近年，UD シートや織物繊維シートを供給する企業が増えており，あらかじめつくられた UD シートや織物繊維シート，積層プレートを購入できる他，必要な積層構造のプレートの製作を依頼することが可能である。

3.4　不連続繊維 CFRTP

不連続繊維 CFRTP とは，繊維長が 10～数十 mm の炭素繊維に熱可塑性樹脂を含浸させたものである。連続繊維 CFRTP の強度は高いが，繊維がつながっているため，複雑な形状に成形するには困難がある。繊維長をある程度の長さに切ってあれば，連続繊維ほどの強度は出なくても，より複雑な形状の成形が可能になると期待できる。

不連続繊維 CFRTP の種類にもいろいろあるが，その中でも**図 3.9** に示す **UD カットランダムプレート**は，連続繊維の UD シートまたは **UD テープ**を所定の長さにカットし（図 (a)），これをランダムな方向に配置して圧着してシートをつくったもの（図 (b)）である。

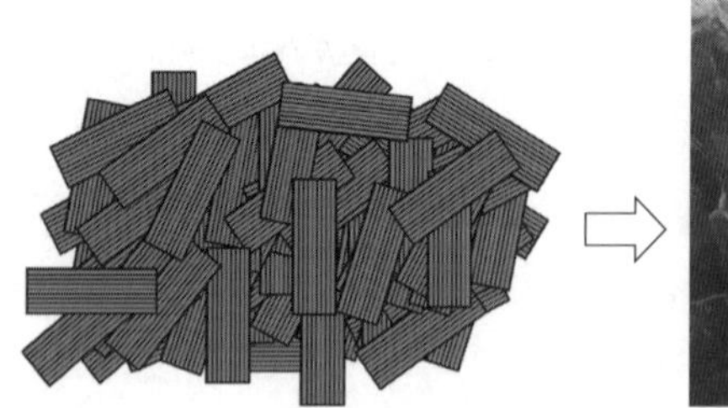

(a)　UD カット片をちりばめたもの

(b)　圧着したプレート

図 3.9　UD カットランダムプレート

3.5 CFRTP プレートの強度

3.5.1 一方向繊維 CFRTP プレートの強度

まず CFRTP の強度について，簡単に考えてみよう。炭素繊維の強度は，炭素繊維メーカーがグレードに分けて販売している。引張強さが 3 GPa（3 000 MPa）程度のものから，7 GPa（7 000 MPa）程度のものまである。しかし，引張強さが 3 000 MPa の炭素繊維を使ったら CFRTP の強度が 3 000 MPa になるわけではない。まず一方向繊維に熱可塑性樹脂を含浸させた**図 3.10**(a) のような角棒があったとする。炭素繊維の体積割合（これを **Vf** という）が 50%の場合，その単位断面は図 (b) のようで，炭素繊維の断面積と樹脂の断面積が 50%ずつとなる。この棒を引っ張ったときの力はほとんど炭素繊維で支えられるが，引張強さ = 引張りの最大荷重/断面積において，断面積は炭素繊維の断面積の 2 倍になっているので，この CFRTP の引張強さは炭素繊維だけの引張強さの半分になる。炭素繊維の引張強さが 3 000 MPa だとすれば，1 500 MPa である。この引張強さが出るのは，あくまで繊維方向に平行に引張力を与えたときである。繊維方向に対して傾いた方向に引っ張った場合には，大きく剛性は低下し，引張力が働いた方向に繊維の向きがそろえば強度が出るが，傾いた状態では，高い強度は出ない。まして，繊維方向に対して垂直方向に引っ張った場合は，繊維がつながっていないので，樹脂だけの強度になる。

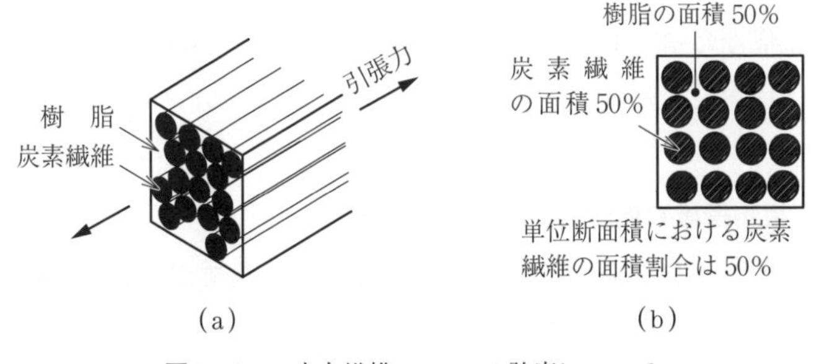

図 3.10 一方向繊維 CFRTP の強度について

そこで，プレートにおいて，引っ張った方向に対して少しでも強度を均等化するために，1層目の繊維方向に対して直角方向の繊維をもつシートを**図 3.11**のように重ねてみる。そうすると，図の0°方向，90°方向は炭素繊維の方向と一致するので強度が高いが，それぞれの単位断面積における炭素繊維の断面積は（それぞれにおいて半分は樹脂だけの断面積なので）4分の1となっており，炭素繊維だけの強度で支えるとすると，引張強さは炭素繊維の引張強さの4分の1，つまり炭素繊維の強度が3 000 MPaであれば750 MPaになる。

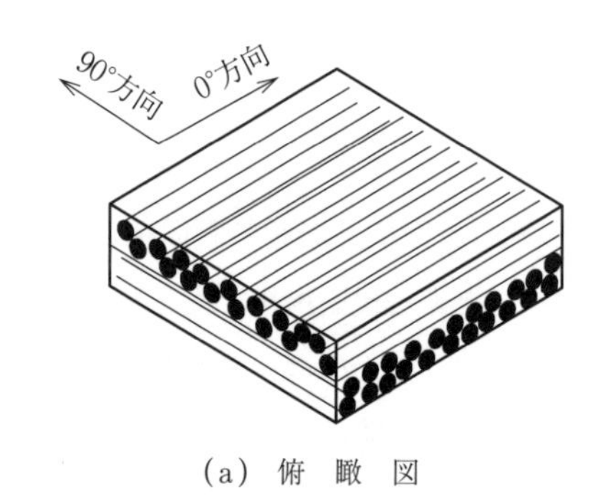

(a) 俯 瞰 図

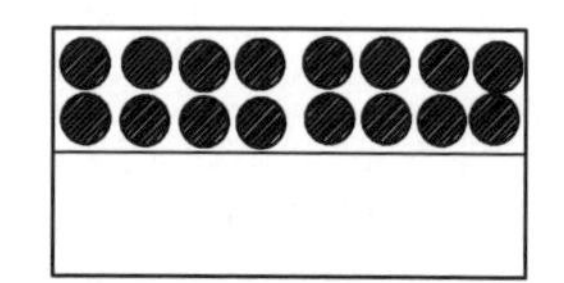
0°または90°方向の断面における
炭素繊維の面積割合は25 %

(b) 断 面 図

図 3.11　0/90 UD シートの強度について

さらに強度を疑似等方にするため，45°方向，−45°方向の繊維シートを積層すると，それぞれの方向の断面において，直交する炭素繊維の断面積は8分の1となり，炭素繊維の強度が3 000 MPaであれば375 MPaになる。

実際には引張方向に対して斜め方向の繊維も多少強度をもち，また一方で樹脂と炭素繊維がしっかり密着していないと炭素繊維にゆがんだ力がかかったりするので，実際には実物の材料を引張試験する必要があるが，まず大雑把な目安として上記のとおり概算できる。

3.5.2　織物繊維 CFRTP プレートの強度

織物繊維シートにおいては，**図 3.12**のように，繊維が直交する繊維をまたいでいるため，まっすぐではなく，サインカーブのようにうねっている。この繊維を引っ張ると繊維がまっすぐになろうとするが，直交する繊維が邪魔をし

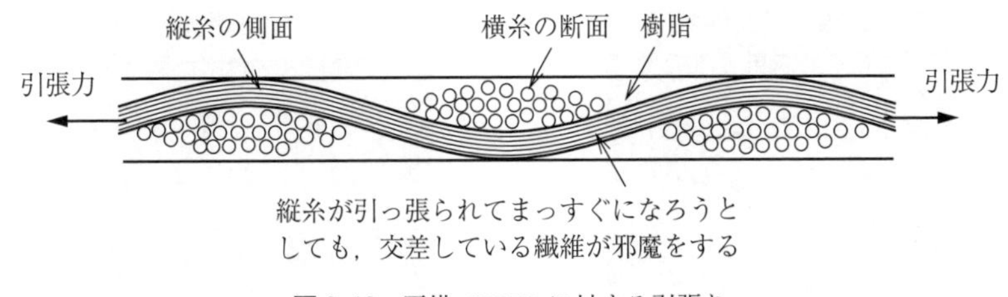

図 3.12　平織 CFRTP に対する引張り

てまっすぐになれない。まっすぐになろうとする繊維を，直交している繊維が横から交互に押し付けるようなことになって，繊維の引張強さが低下する。したがって UD シートに比べて織物繊維シートの強度は劣る。CFRTP が最も高い強度を出せるのは UD シートであるが，織物繊維シートは 1 層で 0/90 の 2 方向をもっており，繊維が幅方向にばらけることがないなどの利点もあるため，この織物繊維シートもよく使われている。

CFRTP の強度には，炭素繊維と樹脂との密着強さが大きく関与している。CFRTP プレートを成形する際に，樹脂の冷却過程でしっかり圧力を付加しつづけないと，樹脂と炭素繊維との密着強さが不十分であったり，樹脂内に気泡（ボイド）が発生したりして，強度が落ちる。

織物繊維シートを積層して樹脂が溶ける温度まで加熱し，所定の初期温度の金型にセットして圧着成形したときの温度・圧力条件の違いによる強度の違いを，以下に示す。**図 3.13** は，0/90 の 3K 平織繊維 CFRTP（樹脂はナイロン 6）シート（1 層の厚さ 0.2 mm）を 15 層重ね，280℃まで加熱して樹脂を溶かし，30℃の金型および 220℃の金型にセットした後，プレス面圧 5 MPa をかけながら冷却して成形した平板の表面を比較したものである。セットした金型温度が低い図 (a) の場合，表面が粗く，樹脂が平らに表面を覆っていない。これに対し，220℃の金型にセットしたもの（図 (b)）は，表面がなめらかで，樹脂が平らに表面を覆っている。**図 3.14** は，成形時の温度・圧力の違いによる成形後の強度の違いを調べたものである。成形後の強度は 3 点曲げ試験をして調べた。3 点曲げ試験の場合，試験片の荷重負荷点直下の下面に最大引張応力が働くので，破断が生じるこの点の応力を曲げ強度としている。引張強度

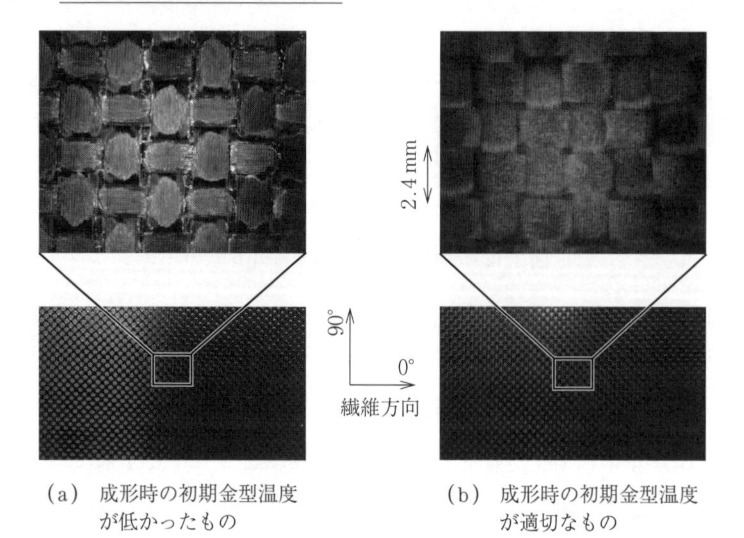

（a） 成形時の初期金型温度が低かったもの　　（b） 成形時の初期金型温度が適切なもの

図 3.13　織物繊維シート積層圧着による織物繊維プレート成形時の金型温度の影響

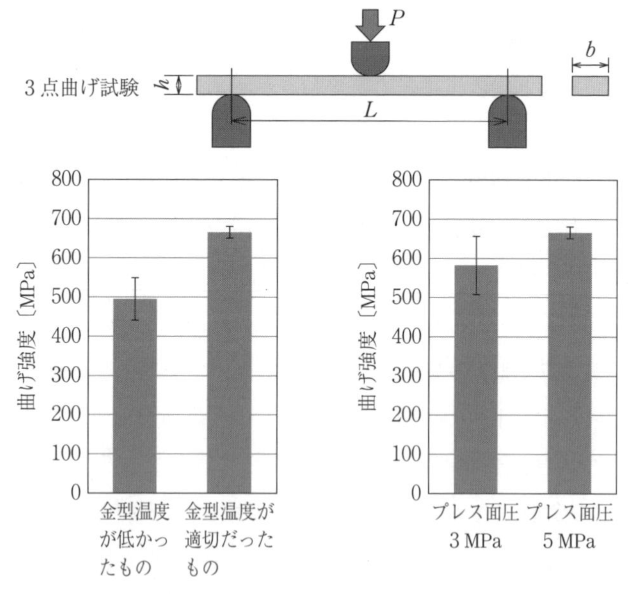

（a） プレス面圧 5 MPa で金型温度が異なったもの　　（b） 金型温度は同じで，プレス面圧が異なったもの

図 3.14　織物繊維シート積層圧着による織物繊維プレート成形時の温度・圧力と成形後の曲げ強度

3 000 MPa の炭素繊維，炭素繊維の体積率約 50%，0/90 繊維の積層なので，UD 繊維であれば，上述の断面積を直交する炭素繊維断面の面積は 25% であり，炭素繊維だけの強度を考えると，750 MPa 程度の強度が出るはずである。図 (a) および図 (b) に示すように，金型温度が適切で，成形面圧 5 MPa をかけたときの曲げ強度は 670 MPa となっている。これに対し，金型温度が低かったり成形圧力が低かったりした場合は，強度が下がることがわかる。

プレートの強度がそのままいろいろな形状の成形品をプレス成形したときの強度になるわけではない。その理由は，プレス成形によって繊維の配向が変化したり，あるいはプレス成形の際に樹脂が再溶融して冷却固化されるので，その際の温度・圧力条件によって強度が変化したりするからである。これらの詳細については，4 章および 5 章のプレス成形において説明する。

3.5.3　不連続繊維 CFRTP の強度

UD カットランダムプレートとして，細幅の UD シートを所定の繊維長に切ったチップ（**チョップドテープ**とも呼ばれる）をランダムな方向に並べて積み重ね，加熱圧着したプレートの作製例を**図 3.15** に示す。幅 10 mm，繊維長 30 mm のチップ（樹脂はナイロン 6，厚さ 0.16 mm，図 (a)）をランダムに配置し（図 (b)），加熱した後，プレスで圧縮・冷却して作製したプレート（図 (c)）である。このプレートから曲げ試験片を切り出して，3 点曲げ試験を行った（図 (d)）。繊維長 30 mm のチップで作製したプレートの平均曲げ強度は 312 MPa で，連続繊維ほどの強度はないが，かなり高い値が得られている。繊維長を 10 mm に短くした場合には，平均曲げ強度は 227 MPa となり，繊維長が長い場合のほうが強度が高い。

UD カットプレートは，繊維方向を疑似等方に積層することは残したままで，繊維長を所定の長さにカットすることを考えたものである。作製例を**図 3.16** に示す。疑似等方に積層する各層のシートにおいて，繊維長が同じ 30 mm になるようにカットを入れ（この図でカット方向は繊維方向に対して 45° 方向，図 (a)），プレスで圧着成形したプレート（図 (b)）である。このプレートを 3

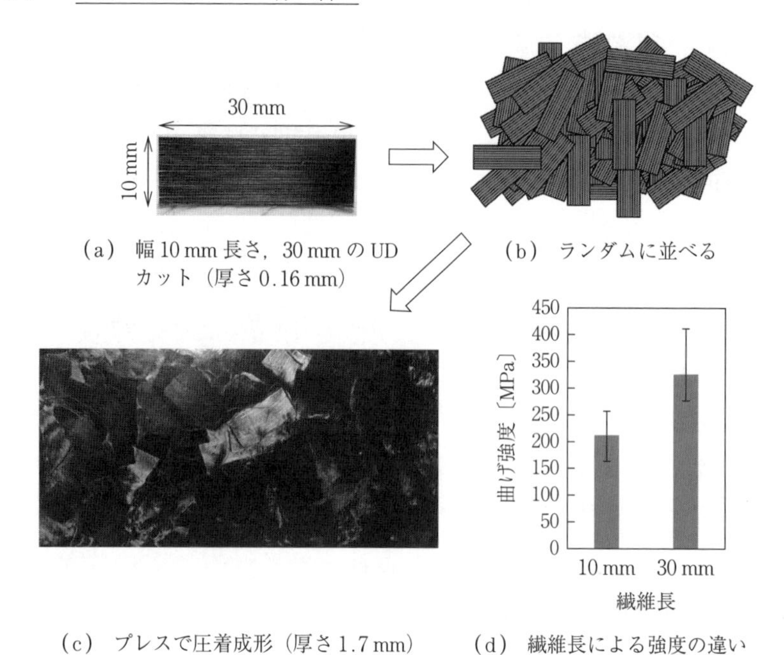

(a) 幅 10 mm 長さ，30 mm の UD カット（厚さ 0.16 mm）

(b) ランダムに並べる

(c) プレスで圧着成形（厚さ 1.7 mm）

(d) 繊維長による強度の違い

図 3.15 UD カットランダムプレートの作製と強度

点曲げ試験したところ，曲げ強度は 415 MPa が得られ，UD カットランダムプレートの曲げ強度よりも高い値が得られている（図(c)）。

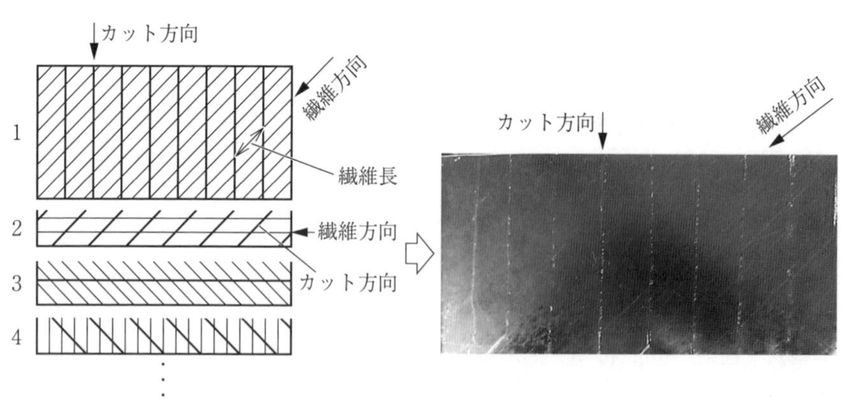

(a) カットを入れた UD シートを疑似等方に積層する

(b) 積層したものをプレスで加熱・圧着

図 3.16 UD カットプレートの作製と強度

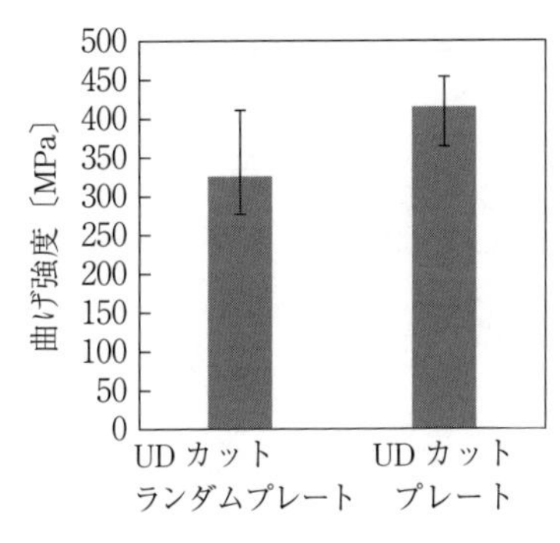

(c)　曲げ強度の比較

図3.16　UDカットプレートの作製と強度（つづき）

引用・参考文献

1)　川邊和正：強化繊維束の開繊技術と新しい複合材料，繊維工学，**55**，11，pp.416-422（2002）

2)　川邊和正：開繊技術と新しいコンポジット材料への応用，SEN'I GAKKAISHI（繊維と工業），**64**，8，pp.262-267（2008）

4 連続繊維 CFRTP のプレス成形

4.1 CFRTP プレス成形の基本プロセスと関連要素

CFRTP プレートを用いたプレス成形に関わる要素を**図 4.1** に示す。プレス成形前における関連要素として，プレート材料，プレス条件，金型条件がある。

まずプレート条件としては，成形品に対するプレート形状，繊維配向状態そして加熱温度などがある。プレス条件としては，スライド速度，下死点とプレス荷重，板押え条件などがある。金型条件としては，金型形状の他，金型クリ

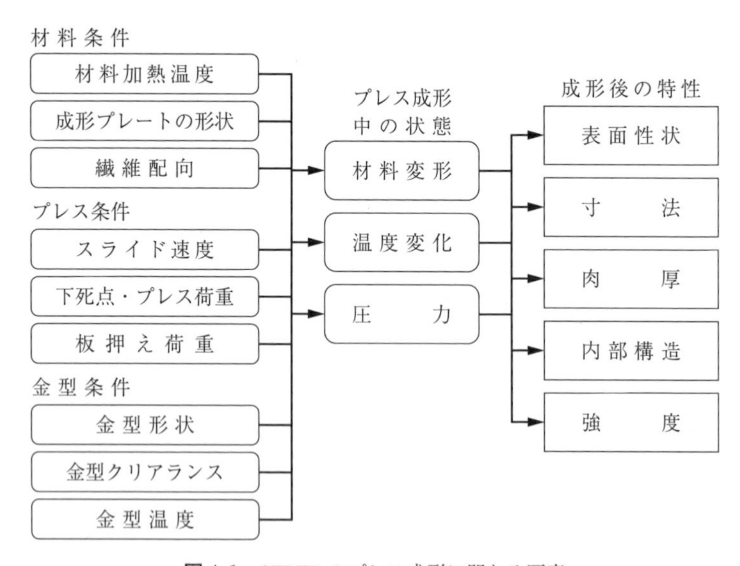

図 4.1 CFRTP のプレス成形に関わる要素

アランス，金型温度などがある。

つぎがプレス成形中に生じる現象である。繊維の変形，材料の温度変化，材料にかかる圧力が大きな要素である。そして，成形後の特性として評価する事柄として，表面性状，寸法，肉厚，内部構造，強度などがある。これらの要素が関わる全体像を頭に入れて，プレス成形の計画を考える。

4.2　一方向繊維 CFRTP プレートを用いたプレス成形

4.2.1　プレス成形のプロセス

一方向繊維 CFRTP においても織物繊維 CFRTP においても共通なプレス成形の基本的なプロセスは，**図 4.2**(a) に示すように，① プレートの加熱，② プレス成形，③ 冷却・固化と④ 成形品取出し，である。熱可塑性樹脂を炭素繊維

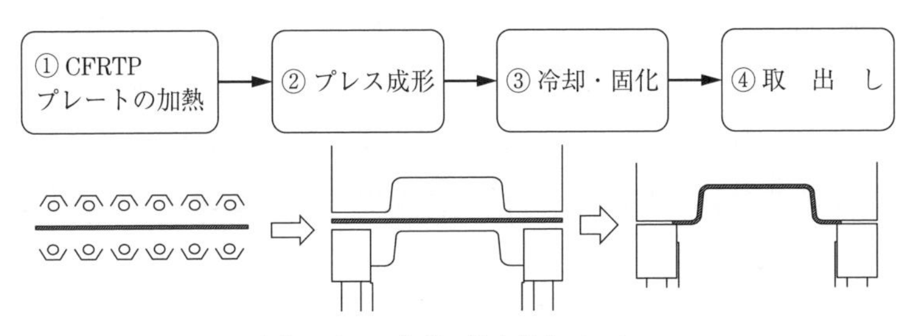

(a)　プレス成形の基本的なプロセス

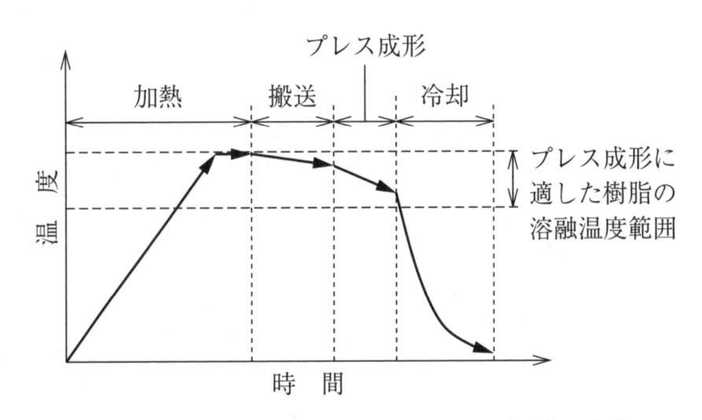

(b)　プレス成形過程におけるプレート温度の変化

図 4.2　CFRTP プレートを用いたプレス成形

の隙間に含浸してあるので，この熱可塑性樹脂の溶融温度以上の温度に加熱しなければ，「元に戻らない変形」＝「塑性加工」を行うことができない。樹脂が溶融温度にあるうちにプレス成形して成形品の形につくる。そして冷却して樹脂を固化させてから成形品を取り出すという基本プロセスになる。このようにプレートの加熱やプレス成形後の樹脂の冷却･固化という重要なプロセス（プロセス中のシート温度の変化を図(b)に示す）があるが，まずプレス成形中の変形の部分「繊維がどのように変形するか」というところを重点に解説する。

4.2.2　一方向繊維の変形

プレス成形時の一方向繊維の変形は，**図 4.3** に示すように「繊維方向に沿った引込み」と「炭素繊維の弾性変形」である。「弾性変形」とは「力を除くと元に戻る変形」である。炭素繊維の 1 本の太さは 5～7 μm とたいへん細く，この繊維が塑性変形して伸びたりはしない。つまりそれぞれの炭素繊維の長さはプレス成形の前と後で変化しない。長さは変化せず，金型の曲面に沿った形に曲がるだけである。この「曲がる」のは，塑性変形で曲がるのではなく，弾性変形として曲がるだけである。弾性変形なので，元に戻ろうとする変形であ

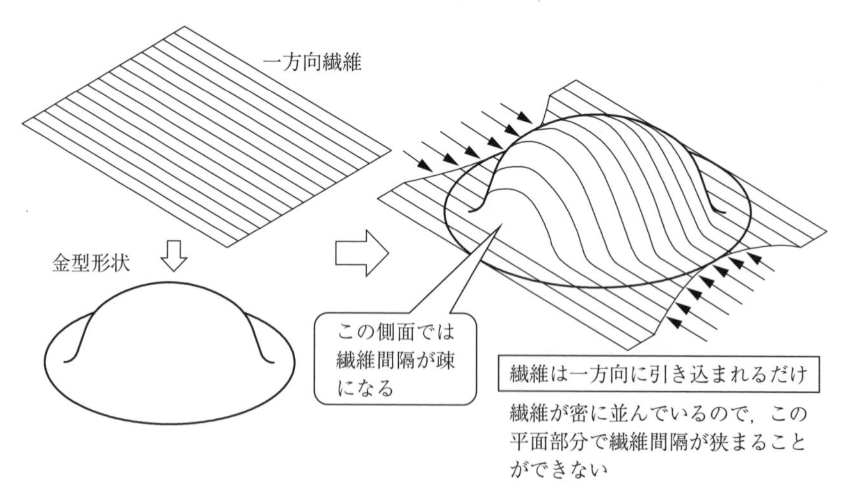

図 4.3　一方向炭素繊維の場合の繊維の変形

る。しかし炭素繊維は非常に細いので，1本1本がまっすぐに戻ろうとする力は弱く，これら炭素繊維だけでは曲がった形は保てない。炭素繊維の形を支えるのが含浸している樹脂の役割である。

一方向繊維シートでは炭素繊維がまっすぐに並んでいるが，各部の繊維は，成形品の形になったときに配置される箇所の曲面の長さに合わせた長さが必要である。図4.3では，カップ状の曲面に成形する状況が描かれているが，右側の図に描かれたように，カップの真ん中になる繊維はこの部分の稜線の長さが必要である。一方カップの側面のほうに引き込まれる繊維は，盛上りが小さいので引込み量は小さい。

このカップ形状への成形で，上から見ると繊維は等間隔だが，カップの側面部に引き込まれた繊維は，側面から見ると繊維間隔が広がる。実際には細い炭素繊維が多数あるので，繊維束の厚みが減って薄くなることになる。炭素繊維の太さを大きくして，カップの表面に一方向の繊維を等間隔で載せたときのイメージ図が**図4.4**である。図(a)のように，カップの上から見ると繊維が等間隔で並んでいるが，カップの中央断面を見た下の図(b)のように，斜面の部分では，繊維と繊維の間隔が広がってしまう。実際には繊維はもっと細く重なっていて，層が厚みをもっているのだが，その層の厚さがどうなるかイメージを示したのがその右の図(c)である。カップの上面のほうでは，元のシートの厚みがそのまま残るが，斜面に引き込まれた層については繊維の間隔が広がり，そこに上層の繊維が押し込まれるので層の厚みが薄くなる。

このように，成形品の曲面の輪郭長さに対応して繊維が引き込まれること，繊維自身の長さは変わらないこと，曲面上の繊維の重なり方によって厚みも変化すること，をイメージとしてもつことが大切である。

炭素繊維は繊維方向に引張力を受けたときに強度を発揮するので，成形品がいろいろな方向の力に耐えるためには，いろいろな方向の繊維を用いて成形する必要がある。繊維方向を90°ずつずらした層を10層重ね，カップ形状に成形した例が**図4.5**である[1)]。最上層の横方向繊維は成形後も繊維方向が横で，左右のフランジ部から繊維が引き込まれる。2層目は繊維が縦方向なので，縦

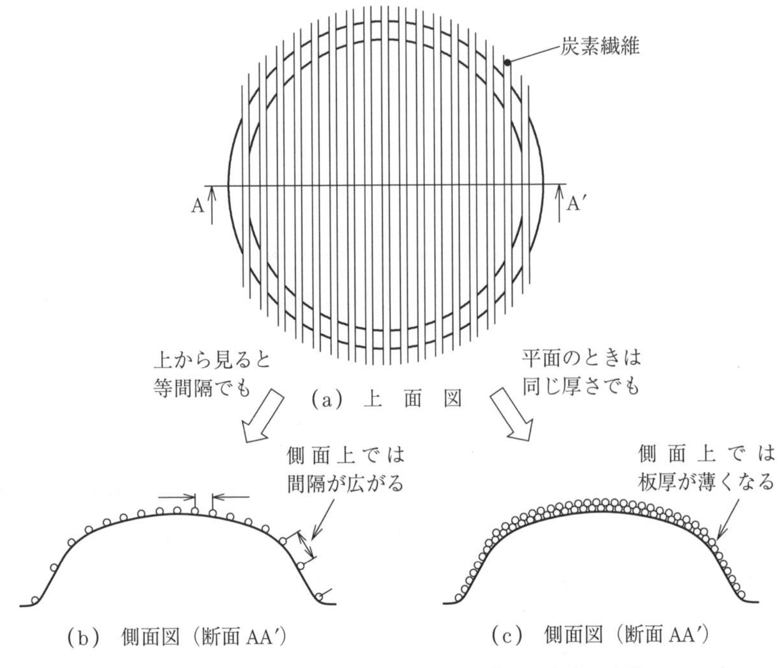

図 4.4　一方向炭素繊維をカップ上に並べたときの変化

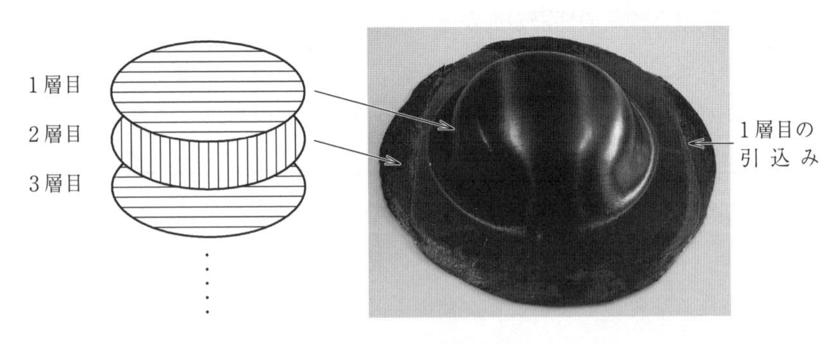

図 4.5　繊維方向を交互に積層してカップ成形した例

方向に繊維が引き込まれ，フランジ部も縦方向のシートの縁が引き込まれる。

4.2.3　成形品形状に対応したシート形状

成形品の輪郭長さに応じた繊維長が必要なことから，成形品の形状に応じて，繊維方向に対する成形前のシートの形を求めることができる。成形品に対して，配置する繊維方向のシート形状を求める方法について考えてみよう。

図 4.6 (a) のような「四角錐台（かくすい）」の形をした成形品で，図のような繊維方向のシート形状（プレス成形する前のシート形状）はどうなるか考えてみよう。一つの方法は，図 (b) に示したように，まず展開図を描いてみる。そうすると斜面の繊維の長さがわかる。ただし，この展開図では角錐の角を稜線に対して垂直方向に開いたので，繊維方向が上平面と斜面とで曲がってしまっている。繊維がまっすぐに繊維方向に引き込まれる場合には，この斜面の繊維を上平面の繊維と同じ方向に合わせればよい。図 (c) のように，長さを同じで上平面の方向と同じになるように回転させる。ただし，四角錐の四つ角の高さ方向の稜線のところは，対角線延長上に展開図の線を移動させてから回転させる。そうすると，図 (d) のように成形に必要なシート形状が求められる。

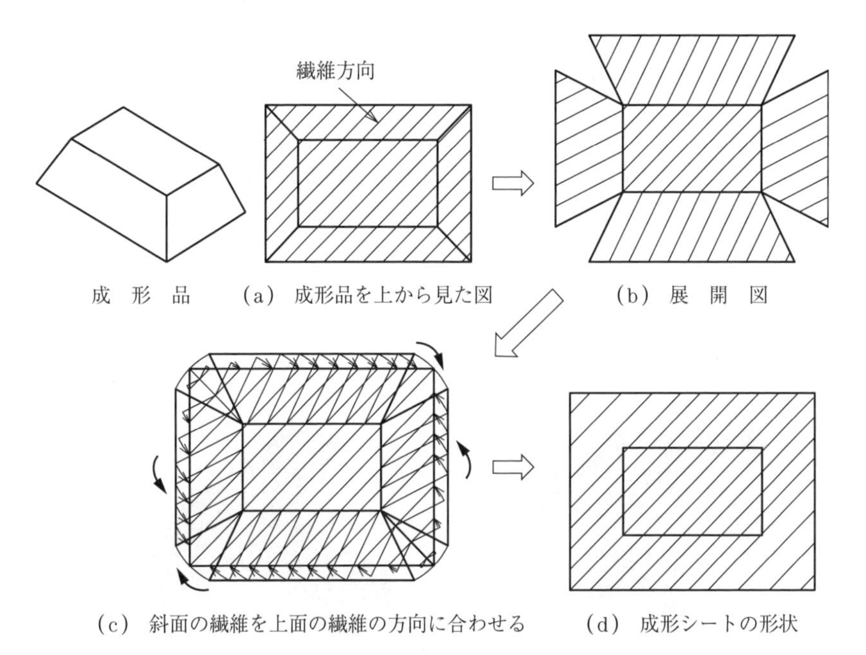

図 4.6　成形品に対してある繊維方向のシート形状を求める方法

もちろん3次元 CAD を用いて，繊維方向の断面の輪郭長さを求めていけば，複雑な形状の成形品でも繊維長を容易に求めていくことができる。

ここで，このような角錐台の稜線で折り曲げられるときに，あくまで繊維方向を保ちながら曲がるのか，曲げ線に対して直角方向に曲がるのか，疑問にもった読者もいるだろう。確かにそれは変形のさせ方による。四角いシートをある線でただ曲げるだけであれば，折れ線に垂直方向に曲がる。しかし，この角錐台の場合，そのように四辺をそれぞれ角に垂直に曲げると四つ角コーナー部のシートがだぶってしまう。四角いテーブルにクロスをかぶせると四つ角から垂れ下がるところは布が波状に集まるのと同じである。いま，シート内の繊維がしわをつくらないように成形していけば，繊維は四角の角においても繊維方向を保ったまま，繊維方向に対して垂直に曲がる。そうすれば，コーナー部に繊維が寄らずに成形される。

このような考え方の下で，一方向繊維シートの積層を用いて，T 字ビームをプレス成形した例を**図 4.7** に示す[2)]。ビームとは U 字断面など各種の断面形状をもつ長尺材のことである。中空構造のビームを用いることで軽量かつ剛性のあるフレームをつくることができる。自動車フレームでは支柱のことをピラーと呼び，側面中央の垂直なピラー（センターピラー）と架台の前後方向のビーム（ドアを開けたときに下に見えるビーム，サイドシルと呼ばれる）とをつなぐものが，このような T 字ビームになる。各方向の繊維の引込みを考えて繊維長を求め，繊維方向ごとにシート形状を求めて，それらを重ねた12層のシート

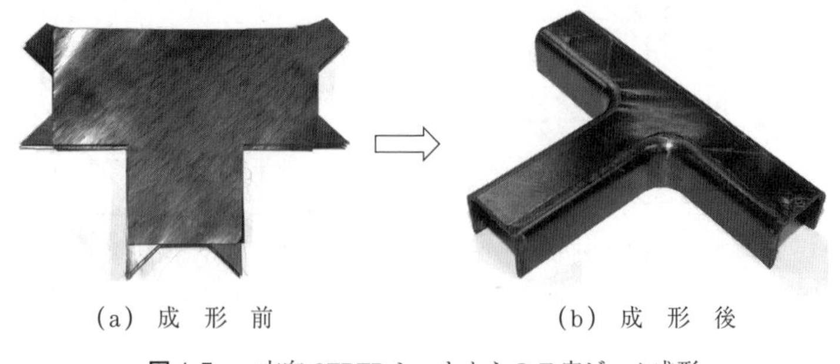

(a) 成　形　前　　　　(b) 成　形　後

図 4.7　一方向 CFRTP シートからの T 字ビーム成形

から成形した。この成形では各層のシート形状も異なり，繊維の引込み方向も異なるので，各一方向繊維シートをあらかじめ圧着したプレートにはしていない。プレス成形時に各層が引き込まれた後に圧着される。繊維方向が中央線に対して 45° 方向の炭素繊維シートがコーナー部に引き込まれる様子（図 (a)）と引込み長さに合わせたシート形状（図 (b)）を**図 4.8** に示す。この炭素繊維シートを成形するときの荷重は低いので，低い荷重で成形できる。繊維を引き込んで曲げていく成形なので，このビームのように金属板では成形しにくい形状（T 字のつなぎ部の側面を小さな R で成形するのは難しい）を成形することが可能である。

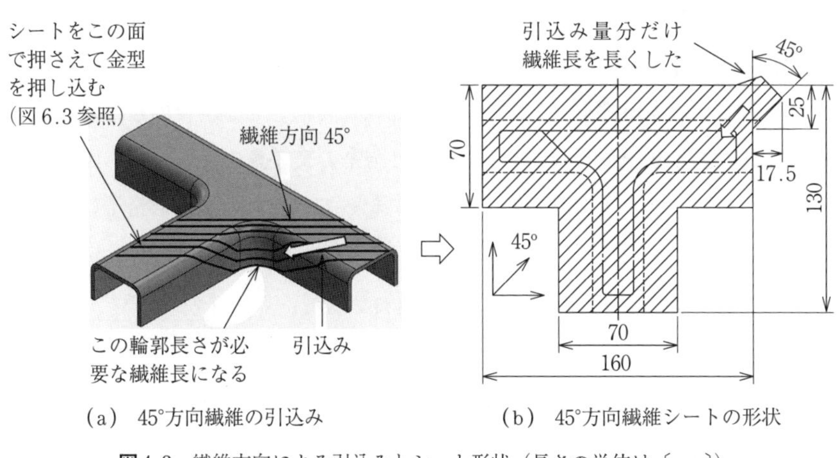

(a) 45°方向繊維の引込み　　(b) 45°方向繊維シートの形状

図4.8 繊維方向による引込みとシート形状（長さの単位は〔mm〕）

4.3 織物繊維 CFRTP プレートを用いたプレス成形

4.3.1 織物繊維の基本的な変形

同じ連続繊維 CFRTP として，一方向繊維 CFRTP とともに織物繊維 CFRTP もよく使われる。炭素繊維が強度を発揮するのは繊維が引っ張られて伸びたときなので，織物のように繊維が波打っているものよりも，まっすぐな一方向繊維のほうが強度は高い。したがって高強度を求めるときには一方向繊維プレートのほうがよいが，製造過程での取扱いやすさなどから，織物炭素繊維プレートもよく使われる。ここで製造過程での取扱いやすさといっているのは，織物繊維シートにおいては，まず縦糸（経糸）と横糸（緯糸）を織り合わせて布の状態をつくってから熱可塑性樹脂をしみ込ませるが，布にすると繊維がばらけることがなく，取り扱いやすいことである。

さて，織物繊維の変形は一方向繊維の変形とは異なる点がある。繊維の長さがプレス成形の中でも変わらず，金型でプレス成形した際に繊維が引き込まれるという基本的な動きは同じだが，縦糸と横糸が交差しているため，たがいに連動した動きをつくるところが異なるのである。

織物には平織，綾織，繻子織があるが，基本的な平織を例として，どのような変形特性を有しているか考えてみよう。

はじめに，織物繊維をプレスの金型曲面状に変形させる場合の最も基本となる変形は，**図 4.9**(a) に示すような縦糸と横糸の**交差角**の変化（せん断変形）である。最初は直角に交差して正方格子になっていたものが菱形格子になって

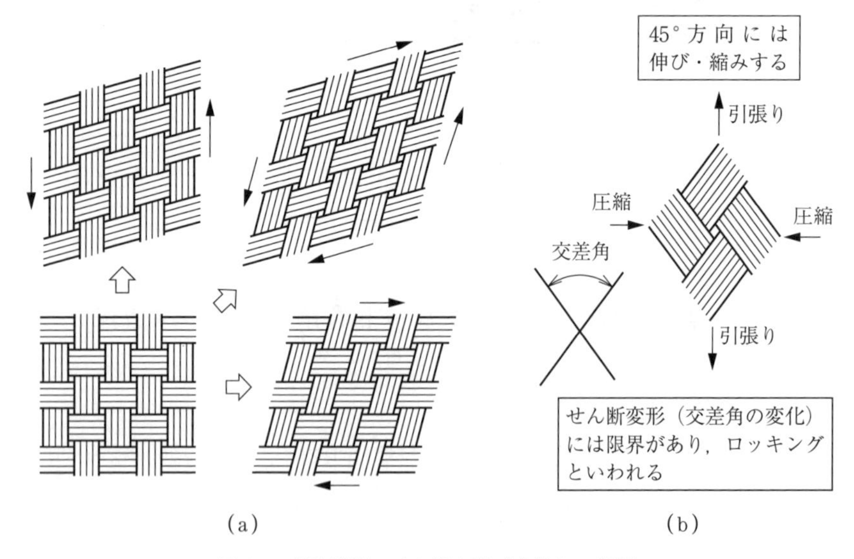

図 4.9　織物繊維のせん断変形（交差角の変化）

いくのである。この変形によって，0° 方向や 90° 方向には引張・圧縮変形しなくても，45° 方向には引張・圧縮変形が起こると考えることができる。引張・圧縮の弾性係数が非常に高いのに対し，せん断弾性係数が非常に低いと考えてもよい。ただし，交差角の変化には限界があって，繊維の束どうしがぎゅうぎゅうになるまで交差角が小さくなると変形ができなくなる。これを**ロッキング**と呼ぶ（図 (b)）。プレス成形においては，ロッキングが生じない範囲で変形させることになる

つぎに，主たる変形ではないが，頭に入れておく必要があることとして，平織繊維において可能な繊維束の広がりを**図 4.10** に示す。真ん中の図が元の繊維の状態で，右上側が，繊維束の幅が広がった状態，左下側が，繊維束の幅が縮まった状態である。繊維の長さは変わらないが，シートの板厚方向に圧力が

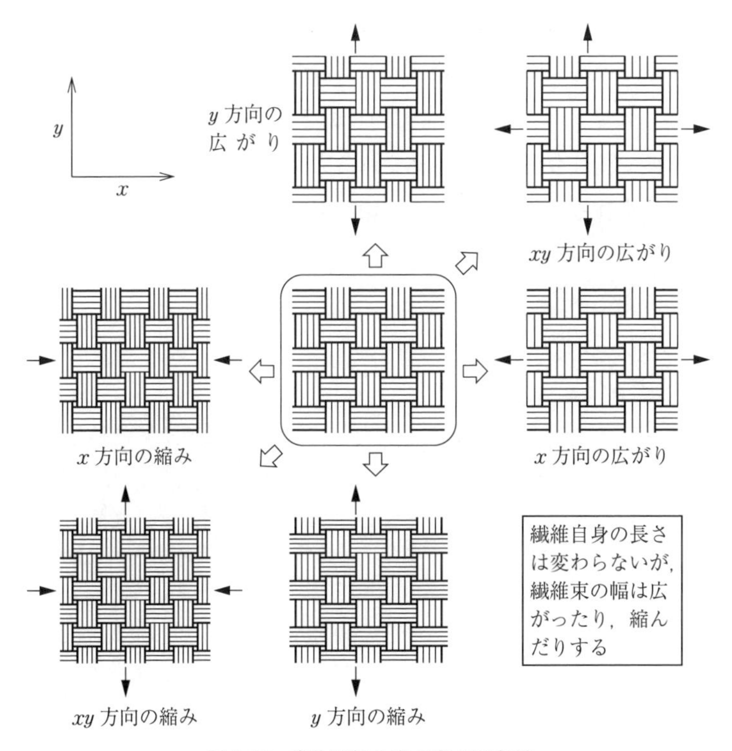

図 4.10　織物繊維の束が広がる変形

かかり，周りが開放されていれば，繊維の束はつぶれて広がることができる。縦糸の長さは変わらなくても横糸の束が広がることができ，これによって縦糸のうねりの高さが小さくなる。逆に横糸の長さが変わらなくても縦糸の幅が広がることができ，横糸のうねりの高さが低くなる。一方，繊維束の幅が縮まることもできる。ただし，縮む場合，交差している繊維のうねりを盛り上げることになり，繊維どうしが圧縮されて反発し，抵抗が大きくなる。このような束の広がりや縮みは織物繊維の変形の主たるものではないが，プレス成形の中でこのような変形も生じる可能性があることを頭に入れておくことは重要である。

一方向繊維シートをカップ状にプレス成形するときに繊維がどんな変形をするかを考えたように，織物繊維シートを**図 4.11** (a) のようにカップ状にプレス成形する場合には，どんな変形をするか考えてみよう。縦横の繊維がそれぞれ金型内に引き込まれるのは一方向繊維の場合と同じであるが，織物繊維シートでの大きな違いは，側面に相当するところへ引き込まれるという点である。図 (b) に示したように，縦糸が金型内に引き込まれるときに，横糸も縦糸と絡んでいるので横糸も縦糸が引き込まれる方向に引きずられる。一方，横糸が金型に引き込まれるときも，縦糸が一緒に引きずられることになる。それによ

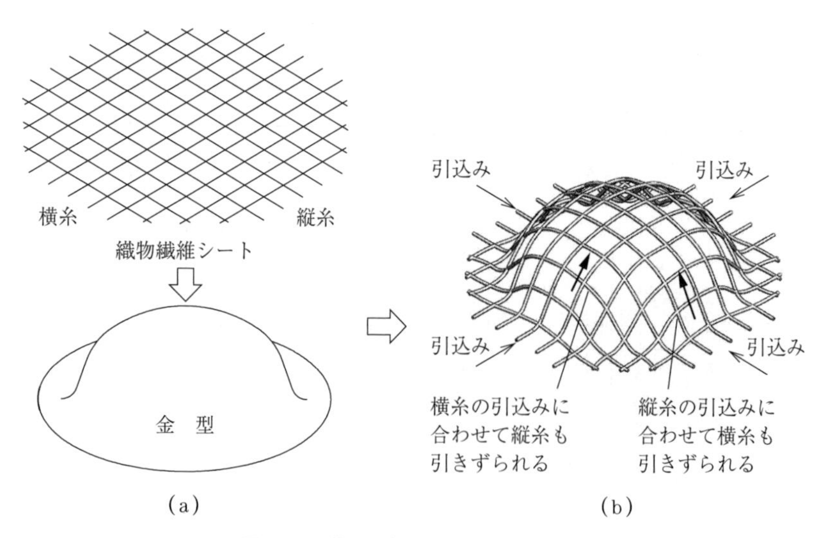

図 4.11　織物繊維シートのカップ成形

り，側面においても繊維の間隔は平面のときと同じように保たれる。一方向繊維のときは，各層の繊維は干渉しないので，縦方向繊維の引込みと横方向繊維の引込みとは独立していて，それぞれの繊維の間隔はカップ上から見たときに平面の場合と変化がなかった。したがって，側面部の繊維は幅方向に広がる傾向があった。

図 4.12 は，織物繊維シートをカップ成形した場合の繊維の様子を上方向および横方向から描いたものである。側面部（円錐面）の繊維は，上から見ると繊維間隔が小さくなったように見える。図 (a) がカップ前のシートの形状と寸法，図 (b) がカップ成形後の形状と繊維の様子である。カップ前のシートにおいて，縦横の繊維方向の幅が 120 であるのに対し，対角線方向の幅を 110 と小さくしている点が不思議に感じられるであろう。しかし，成形後のカップの外形は縦横方向の幅が 100，対角線方向の幅が 100 と同じになっている。これは，図 4.9 で示したように，45° 方向にはシートが伸びる変形が生じるからである。45° 方向の側面では，縦糸と横糸の交差角が 45° よりも小さくなって

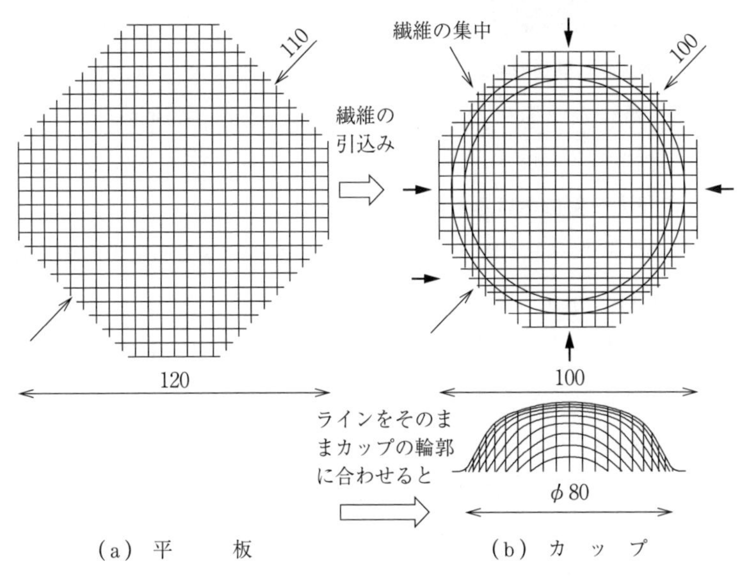

図 4.12　織物繊維の平板からカップへの成形（長さの単位は〔mm〕）

菱形になり，これによって円周方向にシートが縮むことができてカップの形になるのだが，それによって45°方向にはシートが伸びる。もし，成形前のシートの対角線方向の寸法も縦横と同じ120にしておいたとすると，成形後のカップ縁の外形は対角線方向にとがった形状になる。

実際に織物繊維プレート（織物繊維シートの繊維方向を同じにして積層したプレート）をカップ状にプレス成形したものを上方向から見た例が**図4.13**である[3)]。図4.12に描いたものと同じような外形になっていることが確認できる。

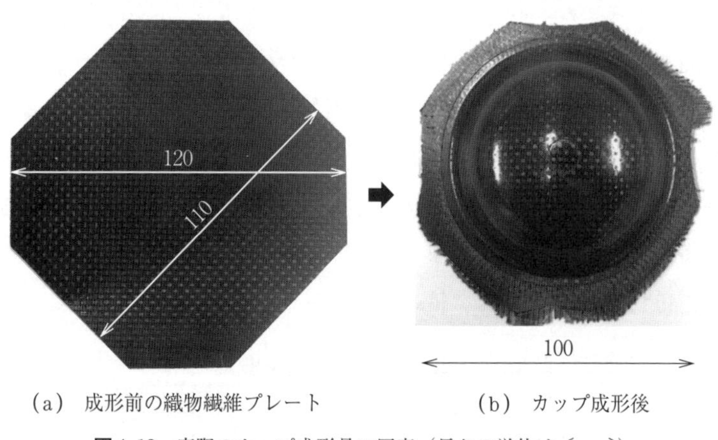

（a） 成形前の織物繊維プレート　　（b） カップ成形後

図4.13　実際のカップ成形品の写真（長さの単位は〔mm〕）

4.3.2　コーナー部における変形

角筒（かくとう）などのコーナー部において，織物繊維がどういう変形をするかを考えてみよう。**図4.14**に示すように，四角いテーブルにテーブルクロスをかけると四角コーナーの下にはテーブルクロスのひだが生じる（図(a)）。縦横それぞれの片で折り返した布がコーナーでは余って，しわになるのである。紙や段ボールの箱であれば，この四隅の部分には切込みを入れて，折り重ねるようにする（図(b)）。鉄板ケースであれば，余る部分を切り取って，縦横に折り返した端を溶接したりする（図(c)）。

では織物繊維シートではどうなるだろうか。参考になるのは，茶こしやキッ

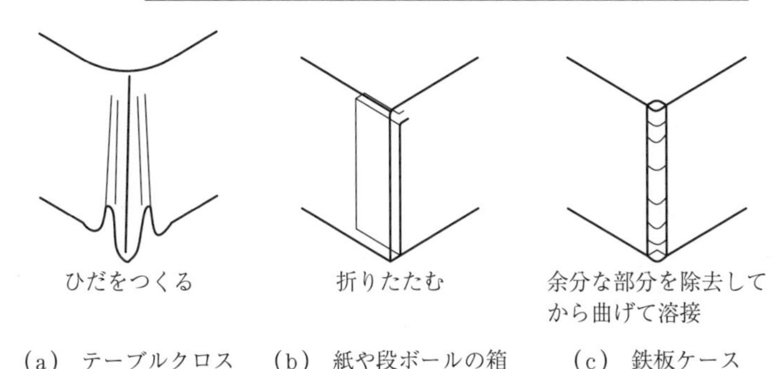

図 4.14　いろいろな材料のコーナー処理

チンの三角コーナーで使われる金網である。縦横に格子状に鉄線を織ってある金網はまさに織物の見本である。金属線が波形に塑性変形している点は炭素繊維とは異なるが，成形によって格子がどのように変形するかを見るには十分に参考になる。さて，四つ角コーナーにおける織物繊維の変形について，直交している繊維の方向が稜線と平行の場合と，稜線に対して 45° の方向を向いている場合の変形の様子を描いたのが**図 4.15** と**図 4.16** である。図 4.15 は繊維方向が上面の稜線と一致している場合で，それぞれの稜線で織り込んだシートが四角コーナーの上下方向稜線部で押し合い，格子が菱形に変形して下方に伸びていく。一方，図 4.16 は繊維方向が上面の稜線と 45° の方向を向いている場合で，この場合のイメージをもつのは難しいかもしれないが，四角のところで，まず上面の稜線とは 45° の方向を折り線として下に折り曲げることをイメージ

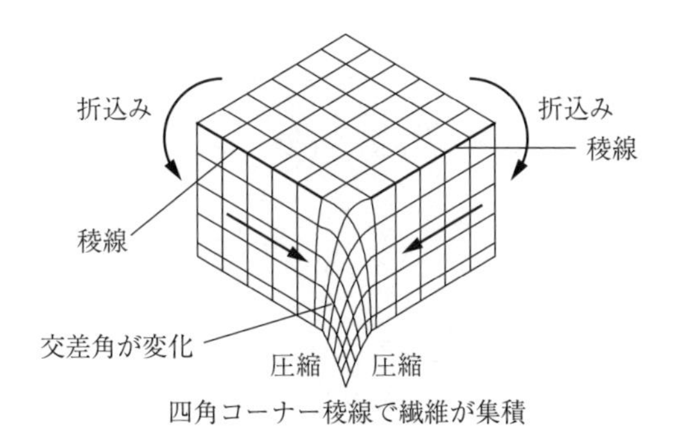

図 4.15　角筒の稜線と繊維方向が同じ場合の織物繊維の変形

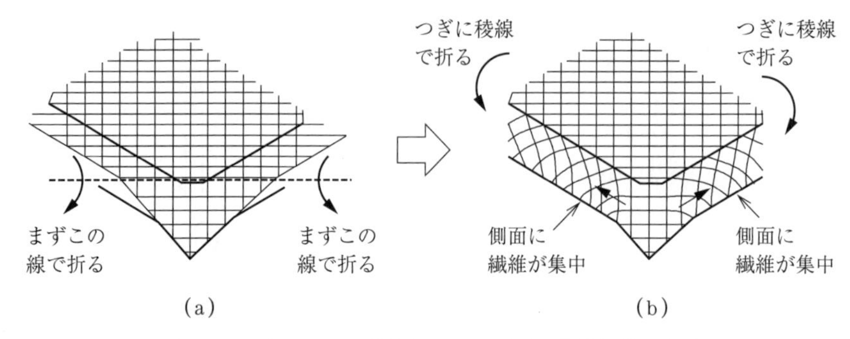

図 4.16　角筒の辺と繊維方向が 45° の場合の織物繊維の変形

し（図 (a)），その後上面の稜線に沿って曲げることをイメージすれば（図 (b)），側面で繊維が押し合って，菱形変形が生じることがイメージできるであろう。

さらに応用として，段差がある場合の繊維の変形の様子を**図 4.17** に示す[4)]。段差がある部分で繊維方向が稜線に沿っている場合の変形の様子を描いたものである。上面が２段になっているが，この２段の段差の高さの差の分が側面では，その２段に変化する部分の幅に集中するので，幅方向の繊維の束が圧縮される。また２段の段差の分，長手方向の繊維がずれるのでせん断変形（菱形変形）が生じる。このように，繊維長さは変わらないが，束が集まったり，広がったり，菱形に変形することにより，立体曲面に沿った曲面形成がなされるのである。

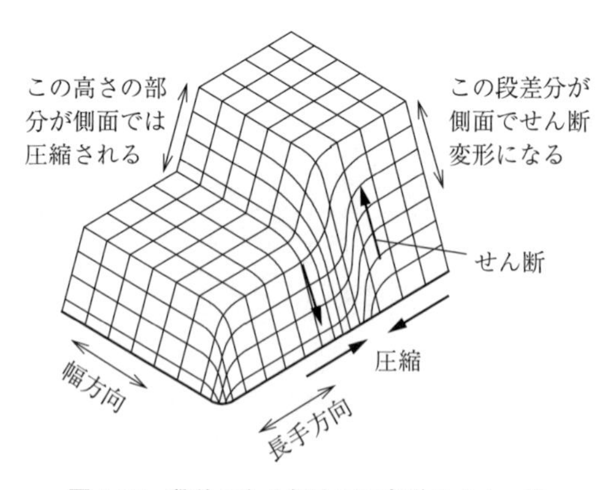

図 4.17　段差のある部分での変形のイメージ

4.3.3 変形に伴う厚み変化

織物繊維の交差角が変化して菱形に変形することを解説してきたが，菱形になることによって平面の面積が小さくなる。塑性変形の大原則は変形しても体積は変わらないことである。したがって，面積が小さくなった分，今度は厚さが厚くなる。そこで，交差角の変化に伴う**板厚変化**について考えてみよう。

図 4.18 は，格子の一辺の長さが変わらずに菱形に変形するときの交差半角 θ と各方向のひずみとの関係を描いたものである。図 (a) のように最初は交差半角 45°，一辺の長さ a の正方格子が図 (b) のような菱形に変形すると考える。単位面積の一辺を対角線の長さ $\sqrt{2}a$ とすると，この単位面積は $\sqrt{2}a \times \sqrt{2}a = 2a^2$ となる。交差半角が θ のときの単位面積は，$2a\cos\theta \times 2a\sin\theta = 4a^2\cos\theta\sin\theta = 2a^2\sin 2\theta$ となり，面積が $\sin 2\theta$ 倍に小さくなることがわかる。各方向のひずみは図 (c), (d) に示したとおりで，x 方向には伸び，y 方向には縮むが，面

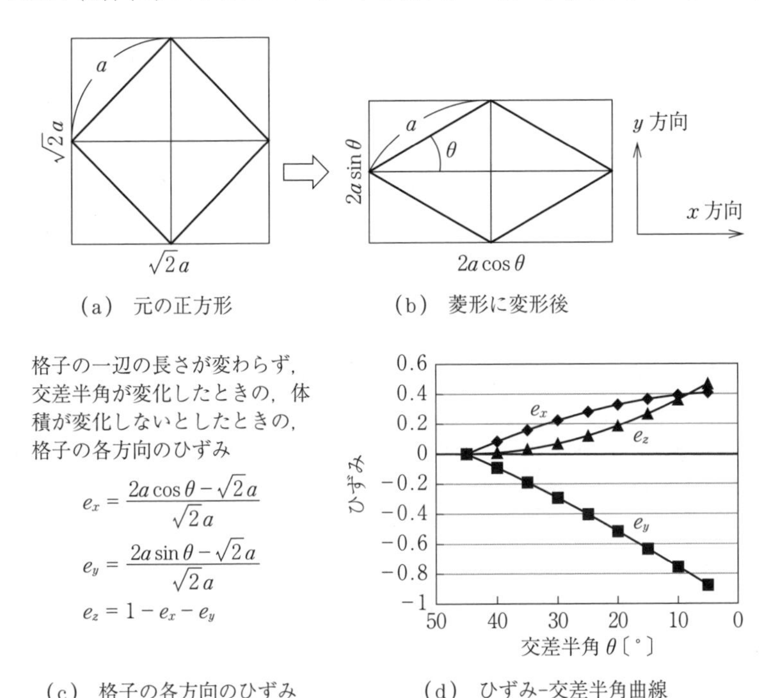

図 4.18 交差半角の変化とひずみとの関係

積が小さくなるので，厚さ方向（z 方向）には伸びひずみが生じる。交差半角 θ が 30° を下回ってくると厚さが顕著に増加してくることがわかる。

四つ角コーナー部を成形したときの板厚変化の簡単な計算法を，**図 4.19** に示す。成形前の四つ角部の円周長が L_0 で，成形後の四つ角コーナーの円周長が L になった場合，その板厚は L_0/L 倍になると考える。上辺では周長が変わらないので板厚変化はなく，下端の板厚が L_0/L 倍となり，上端から下端まで直線的に板厚が増加していくことになる。これらのことを考慮して金型を設計していくことになるが，金型クリアランスの設計法については 6 章（図 6.7）で説明する。

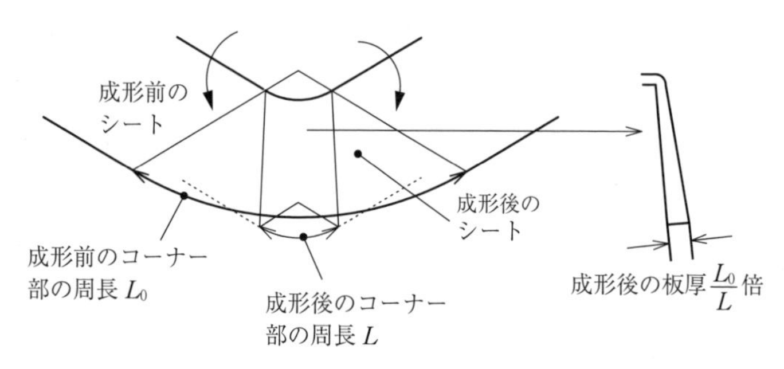

図 4.19　四角コーナー部の板厚変化の考え方

引用・参考文献

1)　米山　猛，寺岡達也，増澤健太，西原嘉隆，長島重憲，吉田春夫：熱可塑性炭素繊維シートのプレス成形，塑性と加工，**53**，613，pp.145-149（2012）

2)　立野大地，米山　猛，渡邉　凌，島田裕大，越後雄斗，板東十三夫，山田幸彦：連続繊維 CFRTP シートを用いた T 字ビームのプレス成形，塑性と加工，**62**，726，pp.81-86（2021）

3)　米山　猛，伊藤拓実，増澤健太，立野大地，西原嘉隆，守安隆史，長島重憲，岡本雅之，根田崇史：熱可塑性炭素繊維織物シートを用いた半球状カップのプレス成形，塑性と加工，**55**，636，pp.23-27（2014）

4)　立野大地，米山　猛，河本基一郎，岡本雅之：織物炭素繊維強化熱可塑性樹脂シートの角筒プレス成形における変形とひずみ，塑性と加工，**57**，668，pp.892-898（2016）

5 CFRTP プレス成形時の諸現象

5.1 プレス成形時の層間すべり

一方向繊維シートにしても，織物繊維シートにしても，炭素繊維は平面上に配置されている。そのシートを何層も重ねて必要な厚さにする。平面内に作用するいろいろな方向の力に耐えるため，繊維の方向を変えた層を重ねる。1層の厚さは0.05〜0.2 mm程度である。CFRTPプレートを用いてプレス成形する際，一方向繊維の場合は繊維方向に沿った引込みが起こり，織物繊維の場合は繊維の交差角の変化が起こることをこれまで解説した。これはそれぞれの層の中での繊維の動きの話であった。プレス成形中にはさらに層と層との間にすべりが生じる。金型曲面に沿って各層が変形する際，内側の層と外側の層では曲率半径が異なるからである。繊維の長さそのものは変わらないが，その一方で内側の層は輪郭が短いのに対し外側の層は輪郭が長いため，ずれが生じるのである。

代表的な例として曲げを考えてみる。曲げの際の炭素繊維層のずれを描いたのが**図5.1**である。重ねた紙を曲げると内側の紙のほうがそのコーナー後の先まで進むのに対し，外側は遅れ，紙の間にずれが生じるのと同じである。では，この層間のすべり量は曲率が小さいほど大きくなるのか考えてみよう。プレートの厚さがt，曲げの内側半径がR_1，外側半径がR_2（$R_2 = R_1 + t$）だとすると，角度θだけ曲げる場合の内側の輪郭長さは$R_1\theta$，外側の輪郭長さは$R_2\theta$なので，その差$R_2\theta - R_1\theta = (R_2 - R_1)\theta = t\theta$分だけ内側の層と外側の層との間

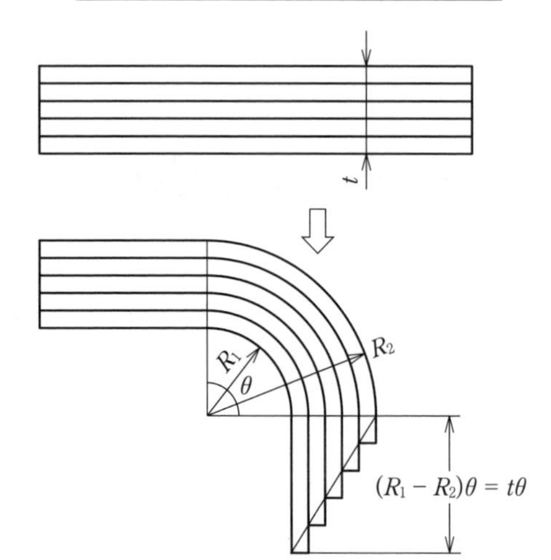

図 5.1　曲げと層間すべり

にずれが発生する。このずれ量そのものはプレートの厚さと曲げ角度 θ によって決まり，曲げ半径 R の大きさには依存しないことがわかる。

つまり，**図 5.2** (a), (b) に改めて示したとおり，曲げ半径 R が大きくても小さくてもずれ量は同じである。ただし，曲げ半径 R が大きければ輪郭長さは長くなるので，輪郭長さに対するずれ量の比は小さくなる。

V 曲げと**ハット曲げ**における層間すべりの様子を**図 5.3** に示す。V 曲げで

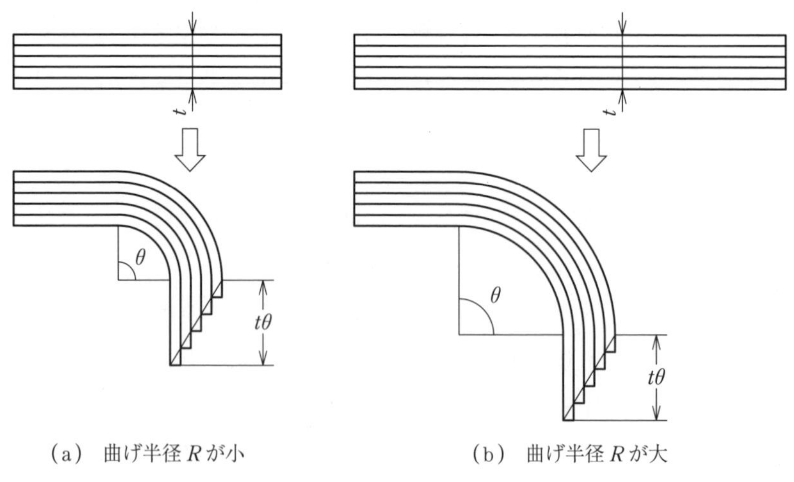

(a)　曲げ半径 R が小　　　(b)　曲げ半径 R が大

図 5.2　曲げ R が変わっても，すべり量は変わらない

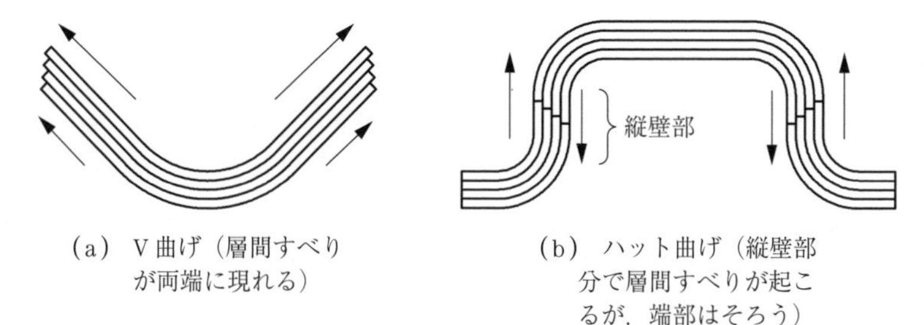

(a) V曲げ（層間すべりが両端に現れる）

(b) ハット曲げ（縦壁部分で層間すべりが起こるが，端部はそろう）

図5.3 V曲げとハット曲げにおける層間すべり

は，**層間すべり**が曲げの両側に発生し，曲げたプレートの両端で層がずれた段差が発生する（図(a)）。ハット曲げでは，層間すべりが発生するのは同じだが，逆方向の曲げが組み合わされるので，「縦壁」部分では層がずれているのだが，ハットの両端では層がそろった状態になる（図(b)）。

以上のように板を単に曲げるだけでも層間すべりが発生し，そのすべった層は曲げ外部につながっているので，曲げコーナー部分だけに層間すべりが発生するのではなく，平面部分でも層間すべりが発生する。したがって，曲げる部分だけを局部的に加熱して樹脂を溶融させて曲げても，曲げの外側で繊維が伸びず，層間すべりができないため，曲げの内側が圧縮されてしわが発生する。局部的に加熱して曲げることは困難である。基本的にはプレート全体を加熱しないと局部的な曲げもできないと考えたほうがよいが，局部的に加熱して曲げる技術の開発については9章で解説する。

5.2 プレス成形後の「スプリングイン」

曲げたときの層間すべりに関連して，曲げた後の**スプリングイン**について解説する。金属板材の曲げでは，弾性変形が戻ることによる**スプリングバック**が生じるが，CFRTPの曲げで生じるのは，その逆の「スプリングイン」である。スプリングインが生じる原因は，**図5.4**のように，平面内の熱収縮は小さいのに対し板厚方向の熱収縮が大きいためである。炭素繊維の熱膨張率はほぼゼロ

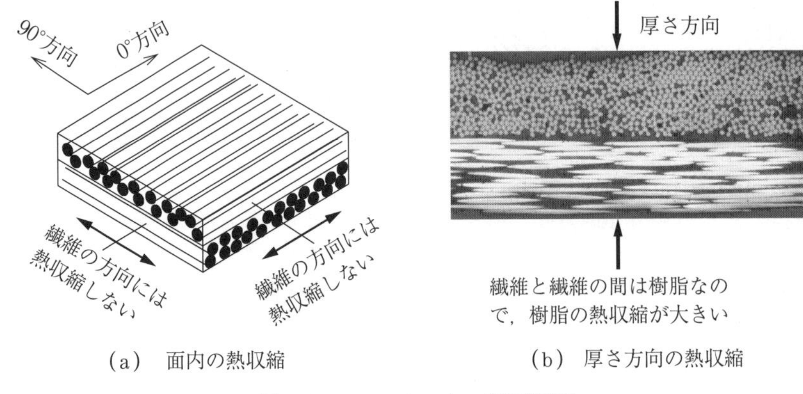

(a)　面内の熱収縮　　　(b)　厚さ方向の熱収縮

図 5.4　CFRTP シートの熱収縮特性

であるのに対し，樹脂の熱膨張係数は，1×10^{-4} /K 程度である。CFRTP において炭素繊維が配向している方向の熱膨張率は 1×10^{-6} /K 程度であり，成形後の面内方向の熱収縮はほとんどない（図 (a)）。これに対して，繊維と繊維の間には樹脂のみがあるので，成形後の冷却過程で樹脂が熱収縮し，厚さ方向に収縮する（図 (b)）。そうすると，**図 5.5** のように，曲げコーナーにおいて，周方向には縮まないのに対し厚さ方向には収縮するので，内面側に対して外面側が接近してきてコーナーの端面が傾き，これによって両側の平面部が内側に傾くことになる。

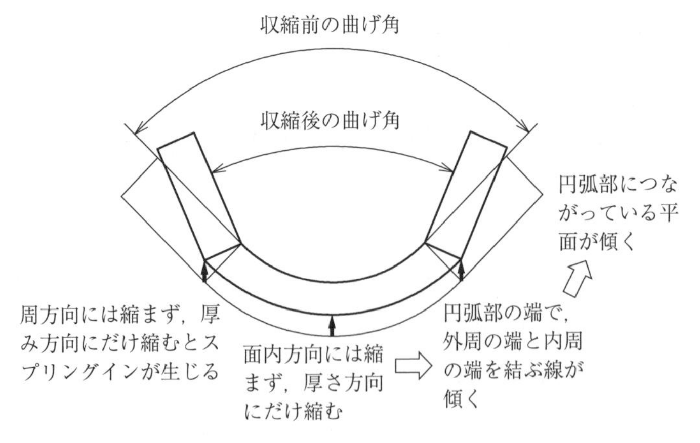

図 5.5　CFRTP 曲げ後のスプリングイン

実際，CFRTP プレートを加熱して 90° に曲げても，加工後 87° になったりする。スプリングインの例を**図 5.6** に示す。板厚 1 mm の一方向繊維 CFRTP プレートを加熱して 90° に曲げ，冷却した後に取り出したものであるが，曲げ角が 86° 程度になっている。

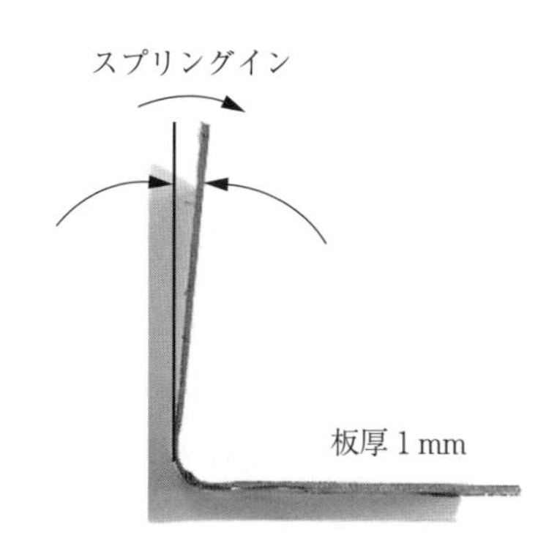

図 5.6　CFRTP 曲げ加工後のスプリングインの例

Zahlan らは，スプリングインの角度 $\Delta\theta$ をつぎの式で表している[1)]。

$$\Delta\theta = (\alpha_R - \alpha_T) \cdot \theta \cdot \Delta T \tag{5.1}$$

ここで，α_R は半径方向（板厚方向）の熱膨張係数，α_T は接線方向（繊維方向）の熱膨張係数，θ は曲げ角度，ΔT は成形温度から室温までの減少温度である。

ではスプリングバックは起こらないかというと，スプリングバックが起こることもある。樹脂が溶融温度に達していない状態で無理やり曲げると，樹脂の弾性回復によるスプリングバックが発生する。また金型温度に差をつけて，コーナーの内型温度を高く，外型温度を低くすると，スプリングインが減少することが確かめられている[2)]。これはちょっと考えると逆のように思われるが，曲げの際に温度が高い内側の層間すべりが大きく発生し，それを戻すようにスプリングバックの方向に作用すると考えられている。

5.3　プレス成形時の圧力

プレス成形に必要な圧力や荷重というと，塑性加工の視点からは，材料の変形抵抗や金型と材料との摩擦が思い浮かぶ。しかし，CFRTP プレートのプレス成形においては，成形時の材料の変形抵抗は非常に小さい。炭素繊維の束の隙間に含浸している樹脂は溶融状態にあるため，固体の金属のような降伏応力はなく，流動に対する粘性抵抗が変形抵抗に相当する。この値は，金属の降伏応力に比べればはるかに小さい。樹脂が溶融した CFRTP プレートは，「ぬれたガーゼ」のようなものなので，変形に対する抵抗は小さいのである。では，プレス成形に必要な荷重は小さなものであればよいかというとそうとはかぎらない。変形の抵抗は小さいが，金型内で必要な形状まで変形させた後，金型内で樹脂を固化させるのであるが，樹脂が熱収縮していく過程の中で，炭素繊維表面と樹脂との密着性を保つ必要がある。そのために圧力が必要になる。金型内で形までつくることができても，その後圧力がかからない状態であれば，樹脂の熱収縮に伴って空隙（ボイド）が発生したり，積層間の剥離が生じたりして，成形後の強度が低くなってしまう。

一般にプレス成形における荷重のプロセスは**図 5.7** のようになる。形をつくる過程までの荷重は低いが（図 (a), (b)），形ができて，材料を金型内で閉じ込めた後の冷却過程で付加する荷重が必要になる（図 (c)）。そして樹脂が固化するまで荷重の付加が必要である。付加する圧力は 3～10 MPa 程度である。

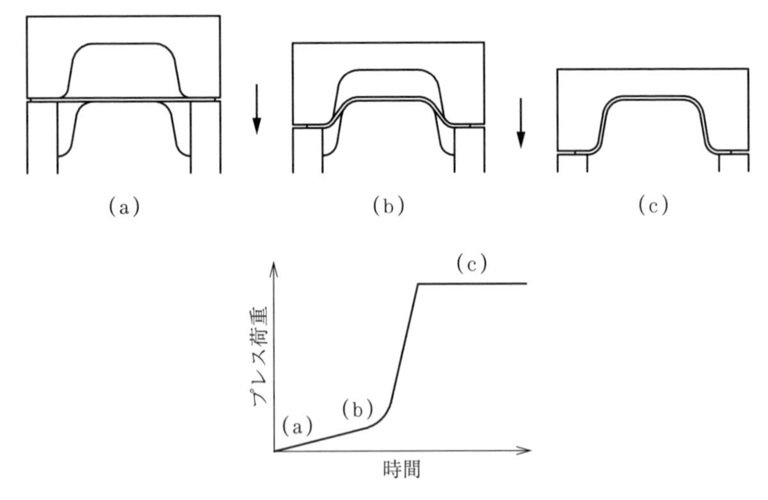

図 5.7　CFRTP プレス成形における荷重プロセス

なぜこんなに付加する圧力の幅があるかというと，樹脂が冷却する過程でどれだけの圧力が必要で十分なのか，まだ詳しい研究がされたり報告されたりしてないからである。これは，樹脂の特性とも絡んでいる。よく使われるナイロン樹脂 PA6 の場合は，固化する温度は 210～190℃で，この辺りの温度を境に溶融状態から固体状態へ急変化する。しかし，樹脂によっては，溶融状態から固体状態へと遷移する温度に幅があり，徐々に固化していくものもある。

樹脂の特性も絡んでくるが，簡単なイメージとして，**図 5.8** のように考えることができる。樹脂が溶融して流動しやすいときには，金型内で高い圧力をかけても，金型の密閉性が低いと繊維の隙間から樹脂が抜けてしまう（図(a)）。一方，樹脂の温度が下がってきて，表面が固化してくれば，固化膜で覆われた状態になるので，圧力を上げても樹脂が逃げず，炭素繊維と樹脂との界面を圧着させる効果が十分に働く（図(b)）。したがって，樹脂が柔らかいうちは低い圧力をかけ，樹脂の固化に伴って高い圧力をかけていく，というプロセスが理想的である。一方，上述のように，下死点到達後も樹脂が中心部まで固化するまで圧力をかけつづけないと，**図 5.9** に示すようにボイドが発生したりする（図(a)）。中心部が固化するまで圧力付加をつづければ，ボイドの

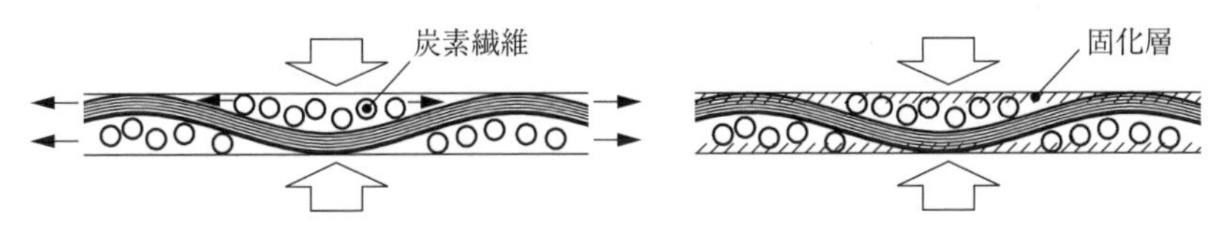

(a)　樹脂が溶融状態で圧力をかけ過ぎると樹脂が抜けてしまう

(b)　樹脂を固化させながら圧力をかける

図 5.8　成形後の圧力付加

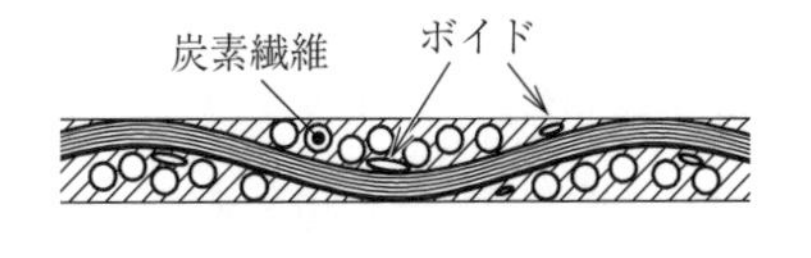

(a)　下死点後加圧をつづけないとボイドが発生する

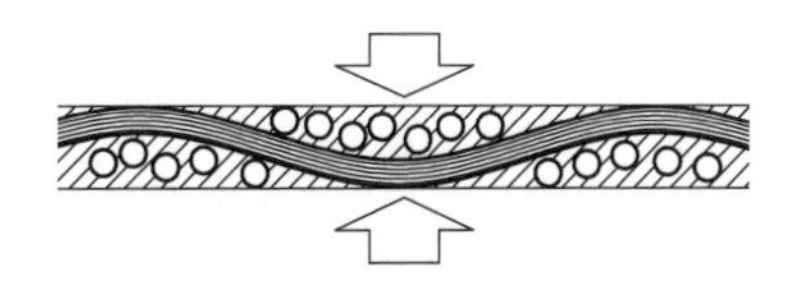

(b)　下死点後加圧をつづければボイドは発生しない

図 5.9　成形後の圧力付加がない場合のボイド発生

発生などを防ぐことができる（図 (b)）。

プレス成形で樹脂の固化収縮の過程に追従して圧力をかけつづけるためには，冷却過程でプレスのスライドの下降をつづける必要がある。この量は樹脂の熱収縮分の変位なので，あまり大きな量ではないが，下死点でスライドが停止したままだと，冷却過程で荷重が抜けていってしまう。下死点で停止したときに荷重を付加した場合，金型やプレスのフレームがその反力で弾性変形しているので，樹脂が収縮していっても，荷重がすぐに抜けるわけではなくフレームの弾性変形が戻って押しつづけるが，徐々に荷重は下がってくる。**図 5.10** はプレス成形において下死点以後も荷重制御で一定荷重が付与されるようにした場合（図 (a)）と，下死点でスライドを止めたままの状態にした場合（図 (b)）とのプレス荷重の比較である。

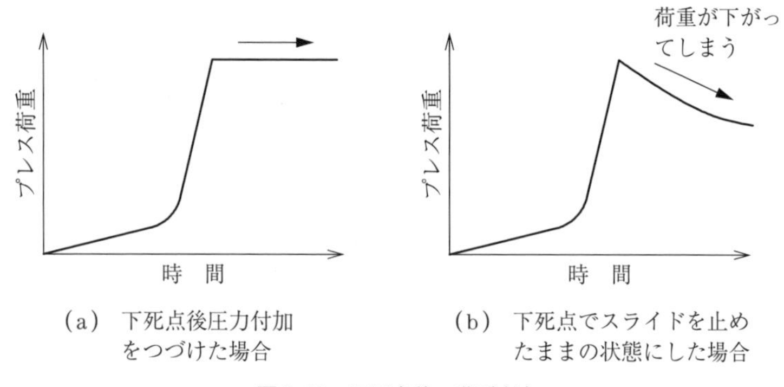

(a)　下死点後圧力付加をつづけた場合　　(b)　下死点でスライドを止めたままの状態にした場合

図 5.10　下死点後の荷重付加

荷重制御で一定荷重をかけながら冷却させていったときの，スライド下降変位を調べたものを**図 5.11** に示す。前述のようにこのスライド変位は樹脂の熱収縮に伴う変位なのでわずかな変位であるが，このカーブを見ていて気が付くことがある。2 章の図 2.6 で，樹脂が溶融状態から固体状態へ変わるときに，体積収縮が大きく生じることを紹介した。このスライドの時間変化を見ていくと，スライドの降下速度が変化するところがある。これが，樹脂が内部まで固化した時点である。つまり内部で樹脂の固化が進行している間は，固化に伴う熱収縮が大きいのでスライドの下降速度が大きいが，内部まですべて固化した後の

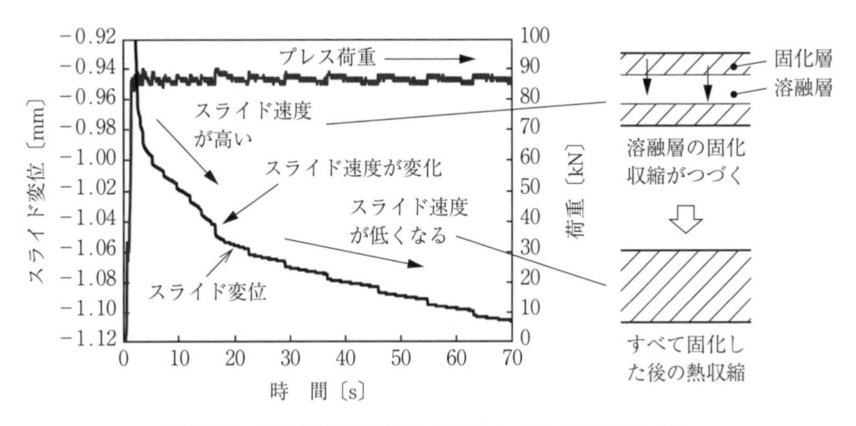

図 5.11　下死点後の荷重付加継続時のスライド速度の変化

熱収縮は小さくなるので，スライド変位の動きも小さくなるのである。こうした荷重と変位の挙動，さらには圧力挙動をとらえることは現象を理解し，適切な工程を組むために重要である。

5.4　プレス成形時の温度

前節の圧力の話で樹脂の温度変化が関与することを述べたが，改めて成形過程における温度過程を押さえておこう。まず CFRTP プレートを樹脂の溶融温度以上まで加熱する。加熱する方法にはいろいろあるが，詳しくは 6 章で述べる。樹脂がナイロン PA6 の場合，溶融温度は 225℃程度であるが，金型まで運ぶ時間の間の温度低下，および金型との接触による温度低下を考えると，必要な形状に成形するまでの間は溶融温度以上を保つ必要があるので，250～280℃に加熱する。逆に加熱温度があまり高過ぎると樹脂が酸化して変質し，ガスの発生や樹脂の変色を起こし，品質が低下する。

上述のようにプレス成形における材料の変形は，樹脂の溶融温度域で行われる必要がある。変形の途中で樹脂の固化温度まで低下してしまうと，固化した部分は弾性変形で変形することになるので，成形後のスプリングバックを発生することになる。また固化した部分を無理やり変形させようとすると，炭素繊維が破断したり，炭素繊維が金型にはさまれて金型が損傷したりすることも起こる。材料は金型と接触しながら変形していくが，この間に金型へ熱が流れていく。樹脂が溶融温度域を保ちながら成形されるためには，金型温度との関係が重要になる。では，金型温度はどの程度が適切なのだろうか。筆者らの経験的な知識として，樹脂が PA6 の場合の CFRTP では，成形するときの金型温度は 150～180℃が適切であると考えている。その理由は，図 3.13 でも示したように金型温度がこれより低いと，金型と接触した樹脂表面の固化が早く進行して固化層が形成されてしまうので，前述した弾性変形が発生するためと，表面層が硬くなっているので，金型の転写性が低下して成形後の表面のなめらかさが劣るためである。逆にあまり金型温度を樹脂の溶融温度に近づけ過ぎると，確かに成形中に樹脂が固化温度まで低下する恐れは少なくなるが，成形後の荷重上昇に伴ってバリが大きく発生したり，成形後の固化時間が長くなったりするからである。

成形中の樹脂温度を溶融温度域に保つもう一つの方法は，プレス速度を速くして成形時間を短くし，樹脂の温度低下が進む前に形をつくることである。プレス速度を速くすると樹脂の粘性抵抗が大きくなって流動が悪くなるのではないかと思うかもしれないが，意外と，成形速度は速くしたほうが樹脂の流動が促進されて成形がしやすくなる。この理由は，樹脂の温度低下が防がれるため以外に，流動速度勾配が大きいほど粘性抵抗が小さくなるという**非ニュートン流体性**によるためかもしれない。**非ニュートン流体**とは，高分子や繊維など，鎖状のものから構成されている粘性流体の場合，せん断速度勾配（中心部における流速と界面における流速との差）が大きいと，分子や繊維の向きがそろってくる（毛並びがそろってくるイメージ）ので，分子や繊維どうしの干渉が小さくなって流動しやすくなってくるというものである。定量的な特性を把握する研究が必要であるが，このようなイメージをもちながら成形条件を考えるとよい。

さて，樹脂が溶融した CFRTP で形をつくることができたら，樹脂を固化させるための冷却が必要である。金型温度は樹脂の溶融温度よりは低い温度にしてあるので，そのまま金型による加圧・接触をつづければ，樹脂の冷却が表面から厚みの中心部まで進み，離型して成形品を取り出すことができるはずである。樹脂の冷却は金型温度が低いほど速い。したがって生産サイクルタイムを短くするためには，金型温度を下げて冷却を促進したい。樹脂の温度をどの程度まで下げれば，成形品の取出しが可能かということも，生産サイクル向上の

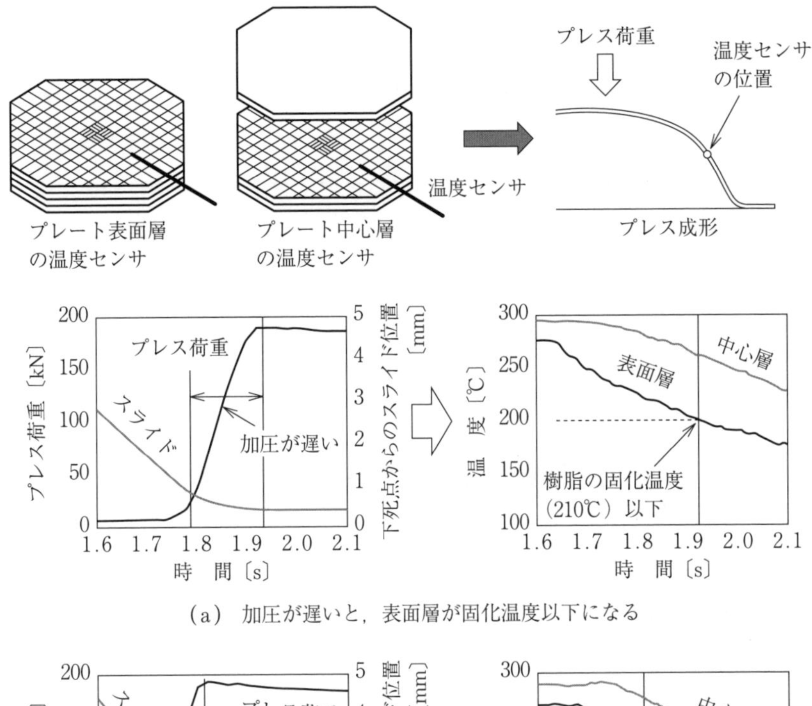

図 5.12 プレス速度による材料温度変化の違い

上で重要な要素である。プレス成形を始めるときには，金型表面温度を樹脂の溶融温度に近づけ，形ができた後は，金型表面温度を下げるよう冷却を促進するために金型の温度変化制御が必要になる。一方で，金型温度を変えずに，成形中に樹脂が溶融温度域にあることを保ち，成形後は成形品を取り出しても問題ない時間を見極めることで，できるだけ生産サイクルを短縮するという考え方もある。

樹脂の熱伝導率はおよそ 0.4 W/(m·K) で，金属の 100 分の 1 ぐらいしかない。一方，炭素繊維の熱伝導率は 10 W/(m·K) 程度なので，CFRTP の熱伝導率は 4 W/(m·K) 程度になる。したがって，CFRTP の冷却速度は樹脂の場合よりもかなり速い。**図 5.12** は，金型温度が 80℃ 程度と低い場合において，プレス成形速度を変えた場合の CFRTP 積層内の温度を実測した例である[3)]。プレス速度が遅いと，シートの表面層の温度が成形中に固化温度を下回ってしまうが（図 (a)），プレス速度を速くすれば，シートの表面層が固化温度に達しないうちに成形することができている（図 (b)）。

5.5　成形時の圧力保持時間と成形後の強度

5.3 節および 5.4 節で述べたように，プレス成形の過程での材料の**温度プロセス**と**圧力プロセス**を正確に把握し，良好な成形条件を見出すことが非常に重要である。プレス成形における材料の温度プロセスと圧力プロセスをまとめたのが**図 5.13** である。

プレス成形後の冷却過程で，材料にかける圧力の保持時間と成形後の曲げ強度を調べた例を紹介する。織物繊維プレート（3K 平織のシート 15 層，厚さ 3 mm，樹脂 PA6）を 280℃ まで加熱して樹脂を溶融させた後，5 MPa の圧力をかけたまま冷却速度を変えて，材料に付加された圧力の保持時間を圧力計で計測した。材料が中心まで固化すると図 5.13 に示したように金型との接触圧力が減少するので，板の中心部が固化するまでの圧力保持時間を計測することができる。成形後 3 点曲げ試験片を切り出して曲げ試験を行った結果，**図 5.14**

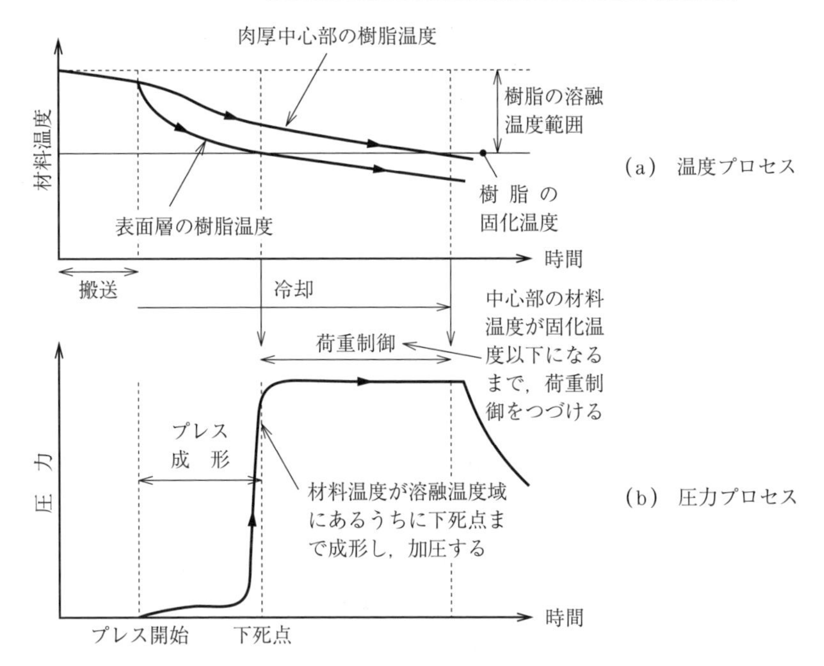

図 5.13 プレス成形における材料温度プロセスと圧力プロセス

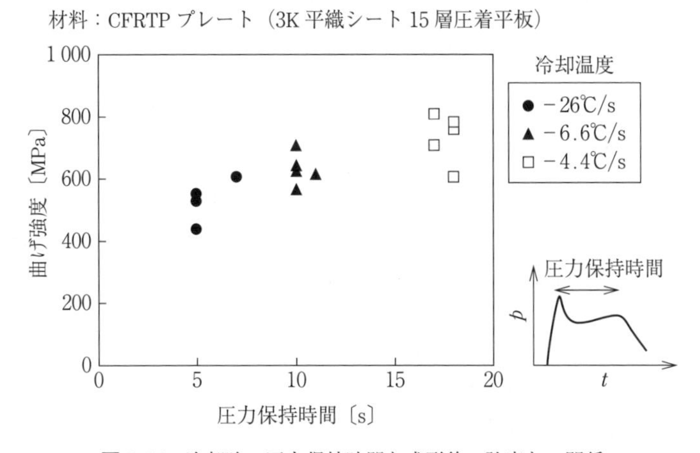

図 5.14 冷却時の圧力保持時間と成形後の強度との関係

に示すように，圧力保持時間が 7 s では曲げ強度が 536 MPa であったのに対し，圧力保持時間が 18 s であれば，曲げ強度が 733 MPa と高くなった[4)]。

5.6　成形時に発生する欠陥

CFRTP のプレス成形において発生しやすい欠陥について述べる。これらの欠陥を防ぐことを念頭において，金型の設計や成形プロセスの設計をする必要がある。

5.6.1　炭素繊維と樹脂の密着性

樹脂は炭素繊維を支える役割を果たしており，炭素繊維の強度がしっかりと発揮されるためには，樹脂と炭素繊維がしっかりと密着していることが必要である。一般に市販されている圧着した CFRTP プレートは，必ずしも炭素繊維の隙間に樹脂がしっかりと浸透しているとはかぎらない。炭素繊維の隙間の空間にすべて樹脂が浸透しているものを**フル含浸**，まだ十分浸透していないものを**半含浸**と呼ぶことがある。また CFRTP プレートをプレス成形する前に加熱したときに，束になっていた炭素繊維が膨らみ，炭素繊維と樹脂との密着性は緩む。したがって，プレス成形の工程においては，しっかりと圧力をかけ，炭素繊維表面と樹脂とを密着させることが重要である。

5.6.2　樹脂枯れと樹脂リッチ

プレス成形の際に炭素繊維の間に含浸していた樹脂が排出されてしまうと，炭素繊維だけが取り残されてしまう。このように樹脂が抜けた状態は**樹脂枯れ**と呼ばれている。炭素繊維だけになってしまうと，繊維がたわんで強度も出ない。**図 5.15** はコーナー部の成形において，表面を覆っていた樹脂が抜け，炭素繊維のみが表面に露出してしまった例である。

炭素繊維が不均一に集積し，樹脂だけの部分ができたり，あるいは樹脂の体積割合が大きくなってしまったりすることを**樹脂リッチ**という。「樹脂リッチ」になった部分は樹脂だけの強度しかないので，炭素繊維が均一に分布するように工夫が必要である。

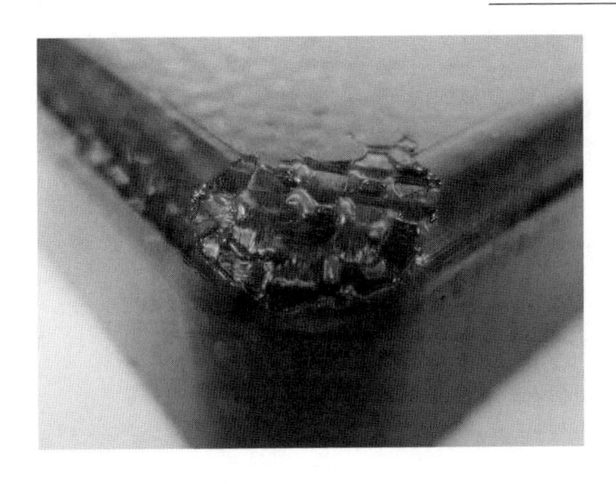

図 5.15　コーナー部の成形において樹脂が抜けた例

5.6.3　ボイド（気泡）

CFRTP の積層圧着が不十分であったり，プレス成形時に付加する圧力が不足し，積層間に巻き込まれた空隙がつぶれなかったりすると，成形後に**ボイド**（**気泡**）が残る。ボイドは剛性を弱める原因になったり，破壊の発生要因になったりする。**図 5.16** は樹脂内に残されたボイドの例である。

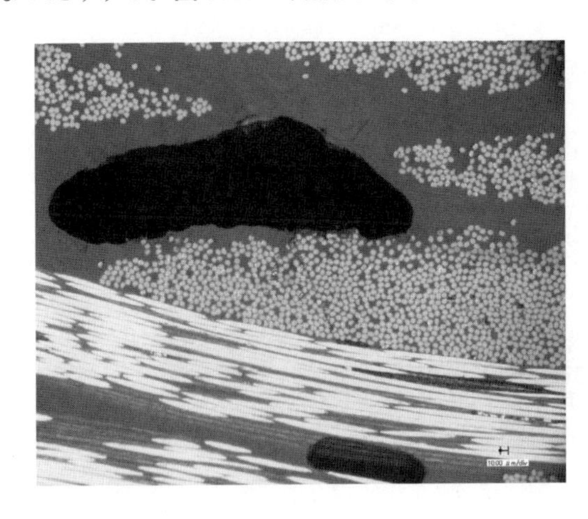

図5.16　ボイドの例

5.6.4　層間剥離

プレス成形時に CFRTP 積層の圧着が不十分であると，**図 5.17** のように層と層との間に剥離が生じる。これを**層間剥離**（はくり）と呼ぶ。

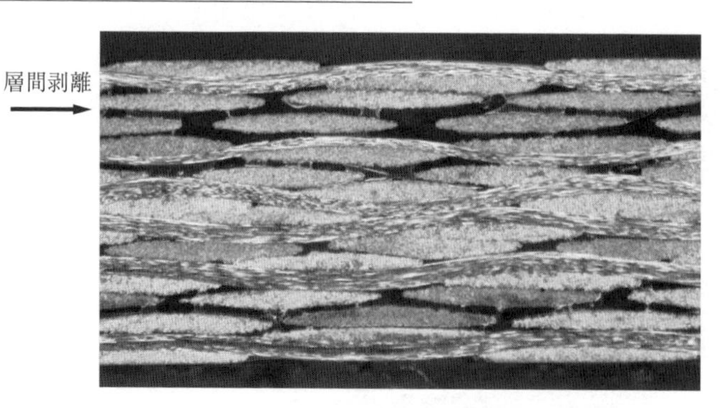

図 5.17　層間剥離の例

5.6.5　繊維のしわ

プレス成形中にシートに圧縮がかかると，繊維がよじれたり，折れ曲がって内部に食い込んだりする。このような状況は**繊維のしわ**とか**キンク**（**よじれ**）と呼ばれている。**図 5.18** は，シートの表面に圧縮力が働き，表面の繊維が折り込まれて内部にめり込み，しわが発生した例である。

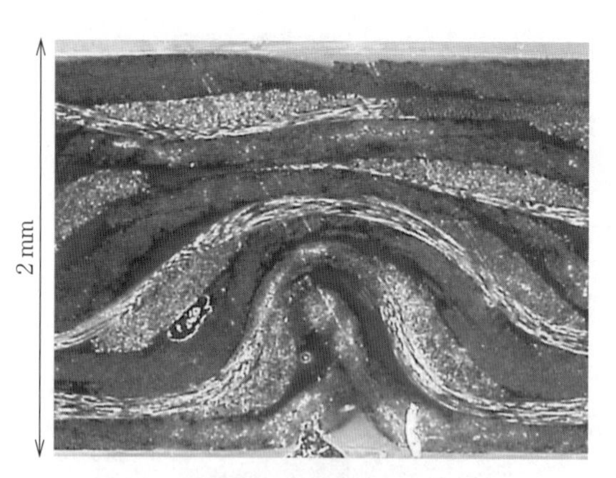

図 5.18　繊維が折り込まれた「しわ」の例

5.6.6　繊維の破断

プレス成形中に炭素繊維を金型内へ引き込もうとしているのに，繊維が拘束されていたりすると，繊維に過度な引張応力がかかり繊維が破断する。繊維が

破断するときには“パン！”とたいへん大きな音が発生する。繊維が破断すると当然のことながら強度が低下するので，成形中の繊維の破断はなんとしても防ぐ必要がある。

コラム3

熱硬化性 CFRP の成形プロセス

本書では，今後の展開が期待される熱可塑性 CFRP の成形技術を取り扱っているが，これまでの CFRP の主役は熱硬化性樹脂を含浸させた熱硬化性 CFRP である。そこで熱硬化性 CFRP の成形プロセスを簡単に解説する。

熱硬化性樹脂は高分子材のA材とB材を混ぜ，加熱して高分子どうしに架橋接合をつくって結合させるものである。結合させる前のA材とB材の粘度は低く，また混ぜた後もA材とB材が結合するまでの間は粘性が低いので，炭素繊維にしみ込ませやすい。そこで，つぎのような二つのプロセスが採用された。

【プリプレグの積層体をオートクレーブで成形】

炭素繊維に熱可塑性樹脂をしみ込ませ，半硬化させた状態（まだ十分に架橋接合が進んでいない状態）のものを**プリプレグ**という。このプリプレグのシートを成形品モデルの型表面に貼り付けていく。この際，成形品の強度を実現するように，貼り付ける各層の繊維方向と順序を決めておき，これに従って積層していく。その後，モデル型と積層したプリプレグ全体をパックして，空気を抜き，オートクレーブという加熱炉に入れ，0.3 MPa 程度の圧力をかけた状態で樹脂を加熱（エポキシ樹脂であれば，130℃程度）して硬化させる。航空機の胴体や翼はこのような方法で成形している。

【RTM 成形】

RTM は Resin Transfer Molding の略で，成形品モデル型の表面に炭素繊維だけのシートを積層し，これをシートや金型でパックする。パックして真空吸引しながらA材とB材を混合したばかりの熱硬化性樹脂をしみ込ませていく。樹脂をしみ込ませたら加熱して硬化させるという手順である。この加熱の際に金型などで加圧しながら加熱硬化させるものを **C–RTM**（compression resin transfer molding）と呼んでいる。

樹脂の加熱硬化には通常2時間程度要しているが，近年短時間で硬化するものが開発され，3分程度で硬化させることが可能となっている。

引用・参考文献

1) N. Zahlan and J.M. O'Neill：Design and fabrication of composite components; the spring–forward phenomenon, Composites, **20**, issue1, pp.77-81（1989）
2) 根田崇史，奥村　航，河本基一郎，岡本雅之，立野大地，米山　猛：熱可塑性炭素繊維織物シートのＶ曲げ成形，塑性と加工，**57**，663，pp.359-365（2016）
3) T. Yoneyama, D. Tatsuno, K. Kawamoto and M. Okamoto：Effect of press parameter on the forming of sphere–conical cup using a thermoplastic sheet reinforced with carbon fabric, Int. Automation Technology, **10**, 3, pp.381-391（2016）
4) D. Tatsuno, T. Yoneyama, K. Kawamoto, M. Okamoto：Effect of cooling rate on the mechanical strength of carbon fiber reinforced thermoplastic sheets in press forming, J. Materials Engineering and Performance, **26**, pp.3482-3488（2017）

6 CFRTPプレス成形の金型設計

6.1 プレス成形の方式

CFRTPの成形においては，パンチによる金型へのプレートの引込みにおいて，プレートにしわができたりしないように引き込むこと，そして成形後の冷却過程で金型がしっかり成形品を押しつづけることが必要である。

金属板のプレス成形における一般的な方式は，**図6.1**のような**板押え**（しわ押え）を用いた成形（絞り成形）である。CFRTPプレートに対してもこれに似た成形方式が考えられる。しかし，金属板プレス成形のような板押えとは異なる。CFRTPの成形は繊維が伸び縮みせず，パンチの押込みに応じて繊維がくぼみに引き込まれていく成形である。その際にプレートにしわができたり，よじれたりしないようにするのが，この「板押え」部分の役割となる。また「板押え」の言葉どおり，プレートを押さえ付けてしまうと繊維の引込みを妨げてしまうので，この「板押え」部分は，「プレートの厚さ分の隙間をあけて，

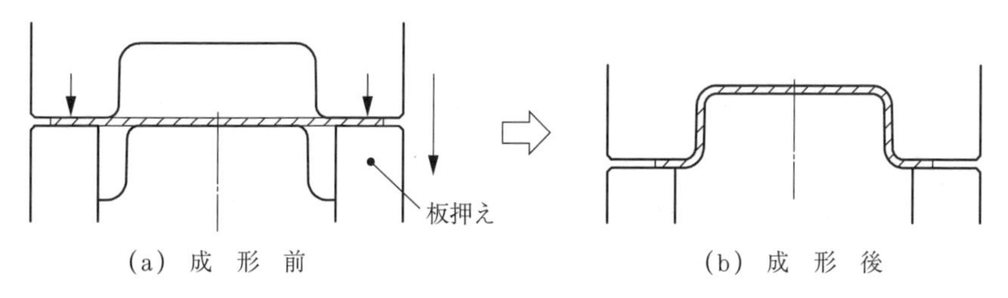

(a) 成 形 前　　(b) 成 形 後

図6.1 板 押 え 方 式

繊維にしわを発生させないで通過させる」ことが目的である。したがって「すきま板」のような存在である。

しかし，4章の織物繊維を用いた成形において説明したように，繊維の交差角の変化がこの板押え部分でも生じるので，板押え部分に残る箇所をフランジ部と名づけると，フランジ部の板厚は均一にはならない。**図6.2**に示すように，特に四角コーナーの外側のフランジ部には繊維が集中するので，厚くなりやすい。縦横のコーナーの縦壁部分の繊維が，壁の延長線上のフランジ部に集中して板厚が厚くなるのである。フランジ部に局部的に厚い部分ができると上型がそこで止められ，成形品を最後まで押し込むことができなくなってしまう。そこで，板押えにおいて板厚が厚くなる部分には溝を設けて隙間を大きくするなどの工夫をして，成形品が最後まで押し込めるようにする。

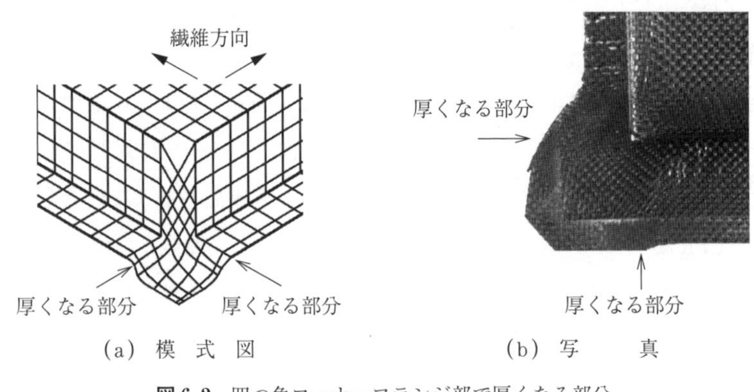

(a) 模 式 図　　(b) 写　　真

図6.2　四つ角コーナーフランジ部で厚くなる部分

上記の成形方式では，成形時にプレートを側面に折り込む際に，下型の平らな上面にかぶさるプレートが盛り上がって，成形の最後に上型から押さえ込まれる際にプレートにしわが発生することがある。そこで，**図6.3**のように，上面部を先に押さえた状態でパンチを押し込み，側面部を成形する方式が考えられる。筆者はこれを**センタークランプ方式**と呼んでいる[1)]。この図で上下の金型が反転しているのは，センタークランプする中央部の金型をプレスのダイクッションで持ち上げてパンチとの間でシートを挟み，ダイクッションの荷重で加

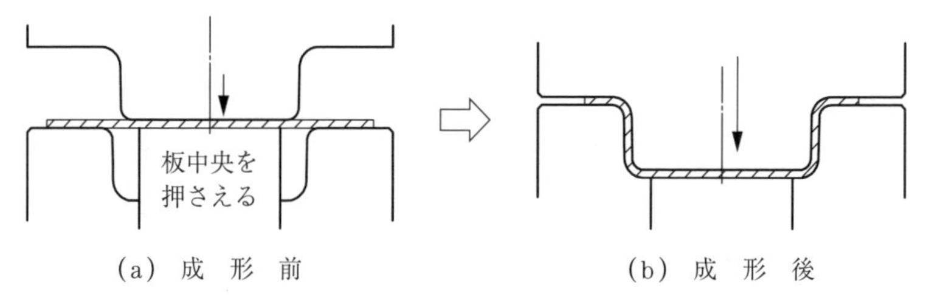

図 6.3　センタークランプ方式

圧を保ちながら成形するからである。センタークランプする金型をスプリングで持ち上げておいて，クランプする方式も考えられる。ただし，スプリングで加圧する場合は，加圧初期の力が低い（スプリングが縮んでくると荷重が増加するが，初期荷重が低い）ため，プレートを押さえ込めないことも多い。

一方，成形中の繊維にたるみが出ないように，プレートの周縁部（繊維の交差角が小さくなって伸びる部分など）にスプリングを付けて，外側へ張力を与えながら成形することも試みられている。

フランジが必要なく，成形品の下部を切り落とす場合などは，**図 6.4**(b)のように成形の最後に凸型底部の角と凹型側面との間の隙間を小さくして，この部分でシートを切り落とす成形を行うこともできる。これを筆者は**エッジトリミング**と呼んでいる。成形品を冷却した後に切り落とそうとすると，ダイヤモンドソーで切り落とすか，ウオータージェットで切り落とすなど，別の工程が

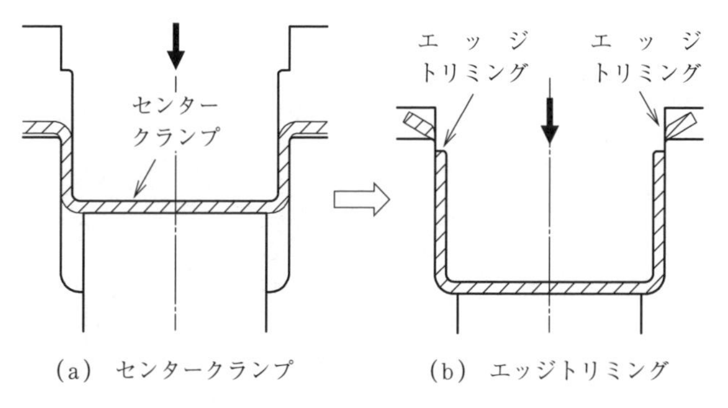

図 6.4　センタークランプ・エッジトリミング法

必要になるが，このようにすれば，プレス成形と同時にトリミングすることができる。樹脂がまだ溶融状態にあるので，低い荷重でトリミングできる。ただ，このトリミングの際に端部の繊維が曲げ変形して内部の繊維に及ぼす影響を考慮する必要がある。またトリミングにおいて，炭素繊維を切断する際に，金型エッジ部に引っかき傷が生じる問題がある。

6.2　材料変形特性についての考慮

金型形状の設計にあたって，前章までに述べてきたような，一方向繊維や織物繊維のそれぞれの変形特性をよく理解しておく必要がある。まず成形において炭素繊維そのものは伸び縮みせず，長さが変わらないことをよく理解しておく必要がある。そのため，**図 6.5**(a)のように平面内の一部のみを加熱して，その部分にポンチを押し込んだり，内圧をかけたりして「張出し成形」することはできない。この図のように円板部を膨らませて半球状にしようとすると，面積は2倍になり，繊維が伸びないと半球状に膨らむことができないのだが，炭素繊維の長さが変わらないので，膨らますことはできないのである。この円板部を膨らまそうとしても，周囲の炭素繊維を引き込まないと膨らまない。ただし，円板内の繊維がたわんでいて繊維が伸び切った状態になっていなければ，繊維が伸び切る状態まで膨らますことはできる。

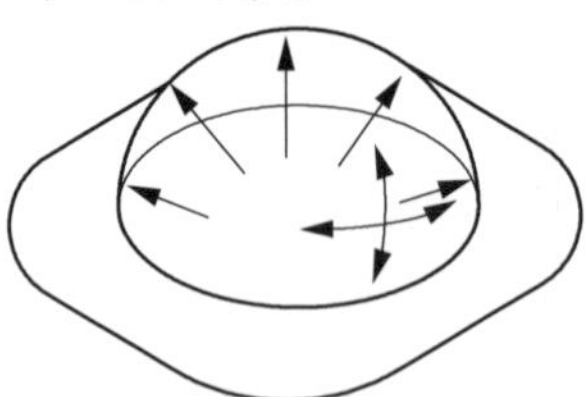

(a)　局部的に加熱して張出し成形することはできない

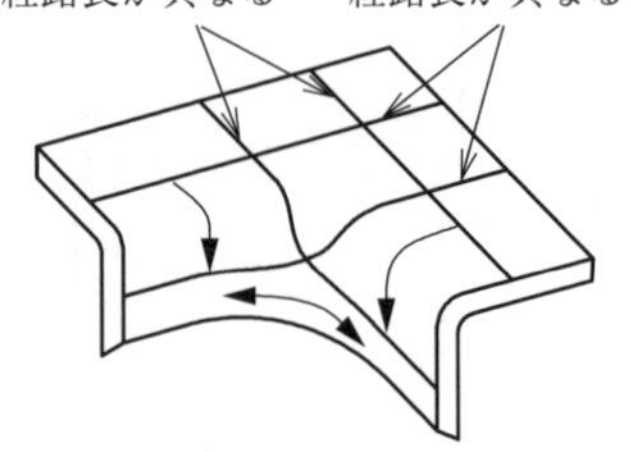

(b)　織物繊維では，伸びフランジ成形は難しい

図 6.5　連続繊維シートで困難な成形

また，図(b)のような繊維方向をもつ織物繊維シートを図のように穴の縁に折り込むような**伸びフランジ**成形（周方向に伸びる成形）においては，折り込まれる部分の繊維長が平面に残る直線の繊維長より長くないと折り込めない。織物繊維において，折り込まれる繊維によって，平面部の繊維を縮ませる力が働き，平面部の繊維にしわが発生する。

このように，使用するCFRTPプレート内の繊維の変形特性を考慮した上で，金型とプレートの関係を設計する必要がある。

6.3 金型設計の詳細

6.3.1 クリアランス

CFRTPのプレス成形は，成形後のプレートを金型で押さえるので，下型と上型との**クリアランス**（隙間）が成形品の肉厚に相当する。

金型のクリアランスとして気になる点の一つは，コーナー部のクリアランスである。**図6.6**のようなコーナー部におけるクリアランスは，プレートの厚さ

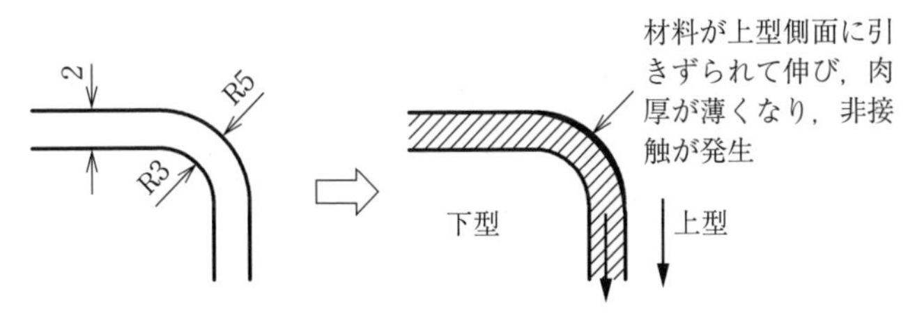

(a) コーナー部のクリアランスを平面部と同じにする場合

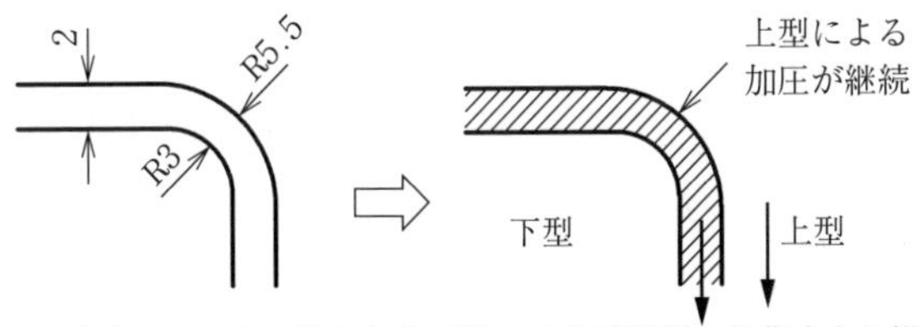

(b) コーナー部のクリアランスを平面部より薄くする場合

図6.6 コーナー部のクリアランス（長さの単位は〔mm〕）

よりも少し小さくする必要がある（図 (b)）。上型（凹型）の押込みによってプレートが下型（凸型）の側面に折り込まれる際，上型の側面がプレート表面を下方向に引きずると考えられ，コーナー部の繊維が引っ張られるので，繊維の隙間から樹脂が外に流れ出しやすい。このとき，コーナー部のクリアランスを平面部と同じクリアランスにしておくと（図 (a)），材料の肉厚が縮んだ場合，上型の隅と材料とが接触せず，圧力がかからない状態になりやすい。そこで上型（凹型）のコーナー半径 R を大きくしてクリアランスを少し小さくすることで，金型との接触を確保して圧力付加を保つことができる（図 (b)）。

織物繊維の成形においては，交差角が小さくなることで繊維が収縮し，立体形状をつくることができることを 4 章で説明し，それによって板厚が増加することも述べた。金型のクリアランスも繊維の変形による板厚変化を考慮して決める必要がある。代表的な例として，**図 6.7** のように円板から半球を成形する場合の板厚変化を考えてみよう。半径 R の半球における頂点から縁までの円弧長は $\pi R/2$ なので，この半球を成形するための円板の半径には $\pi R/2$ が必要になる。図のように，半球の頂点から角度 θ の位置の円とそこまでの円弧の長さとの関係を考えてみると，円の半径のほうは $R\sin\theta$ であり，円弧の長さのほうは $R\theta$ である。そうすると，半球上の円周の長さは $2\pi R\sin\theta$ で，そこに成形される円板上の半径 $R\theta$ の円周の長さは $2\pi R\theta$ である。つまり，円板上の円周長さ $2\pi R\theta$ が，半球状の円周の長さ $2\pi R\sin\theta$ に圧縮される。材料の体積は変化しないので，周の長さが $\sin\theta/\theta$ になると，板厚は $\theta/\sin\theta$ 倍になるはずである。半球の縁 $\theta = \pi/2$（90°）では，$\sin\theta = 1$ なので，$\theta/\sin\theta = \pi/2 = 1.57$ とな

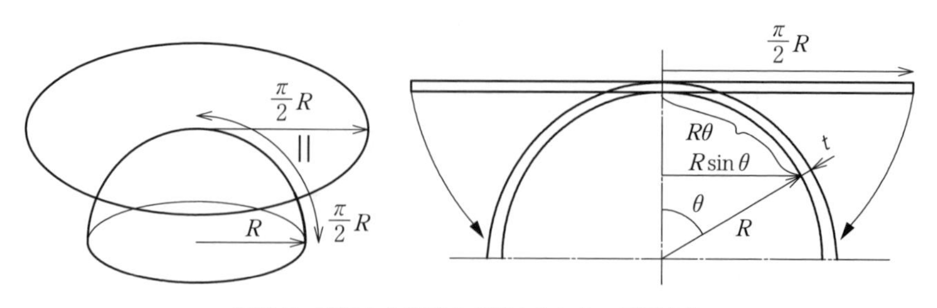

図 6.7　円板から半球を成形するときの板厚変化

り，板厚が 1.57 倍になる。図 6.7 では，半球の円弧に沿った板厚変化に合わせたクリアランスの線を描いている。

角筒成形の場合の四角コーナー部の場合には，平板上の 4 分の 1 円が 4 分の 1 円錐台側面に成形される（4 章図 4.19）と考えて，周長の縮みに応じた厚さを求めればよい。

6.3.2 抜き勾配

側面がある成形品においては，**抜き勾配**をどの程度にとるかが問題になる。抜き勾配が必要な理由は，成形品の表面と金型表面とが密着しているので，**図 6.8**(a) に示すように，抜き勾配がまったくないとすると，成形品表面の凹凸が金型表面の凹凸とぶつかってしまうからである。したがって，離型の際，金型面の凹凸が成形品の凹凸にぶつからないように離れていくようにする必要がある。抜き勾配をつくれば，図 (b) のように，金型をまっすぐ上に上げても成形表面に対して斜め方向に引き離していくことになるので，凹凸のぶつかりを防ぐことができる。金型表面を研磨して，金型表面の凹凸を小さくすればするほど，抜き勾配は小さくすることができる。抜き勾配を 1°，3°，5° にとっ

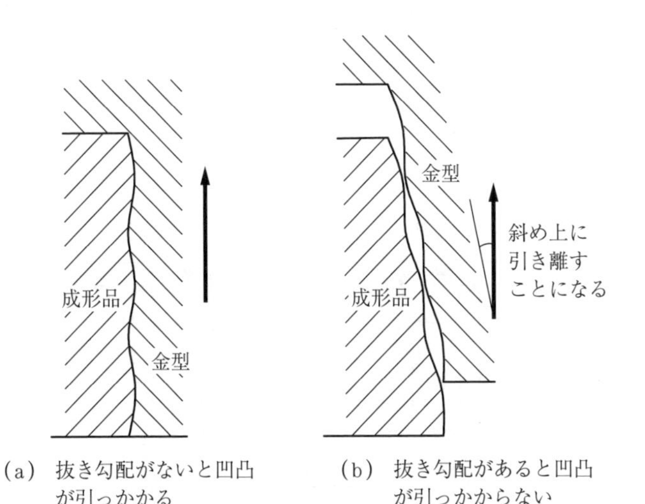

(a) 抜き勾配がないと凹凸が引っかかる　(b) 抜き勾配があると凹凸が引っかからない

図 6.8 抜き勾配の必要性

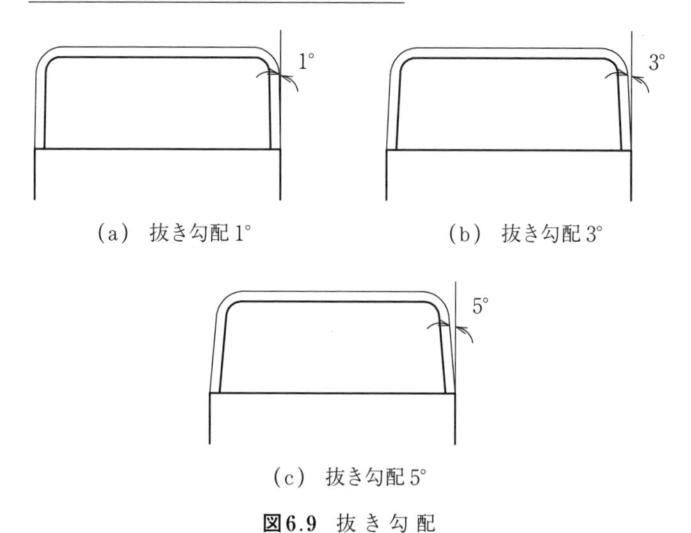

(a) 抜き勾配1°　(b) 抜き勾配3°

(c) 抜き勾配5°

図6.9 抜き勾配

た金型の例を**図6.9**のそれぞれ図(a),(b),(c)に示す。筆者がこれまで実験したかぎりでは，抜き勾配1°でも離型は可能である。

6.3.3 スライド金型

プレスは上下に加圧することが基本なので，側面部を加圧する方向には金型は動かない。金型が曲面だったり，斜面があったり，抜き勾配があったりすると，斜めに押さえる面があるので，成形品の厚み方向に押さえる圧力は働くが，基本的に側面部においては，樹脂が熱収縮するにつれて付加される圧力が

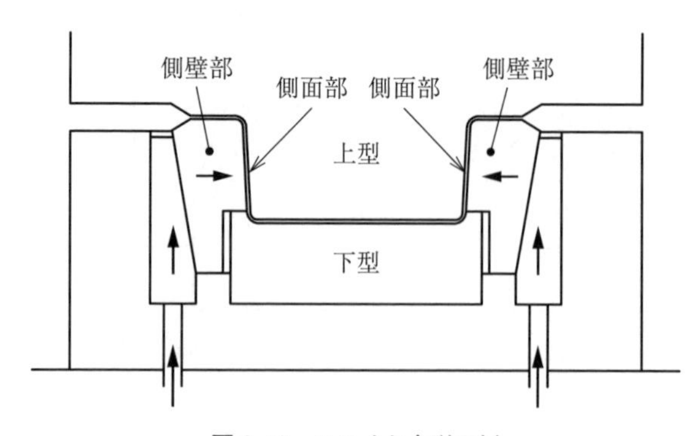

図6.10 スライド金型の例

下がっていく。側面部にかかる圧力を積極的に維持する方法として，金型の側壁部をスライド構造にして，側方から加圧する方法がある。**図6.10**はくさび形のブロックを下からサーボダイクッションで押し上げることによって，金型の側壁部を横にスライドさせて成形品の側面を加圧するものである[2]。これによって冷却過程における圧力付加を維持し，側面加圧のない場合よりも側面部の強度を上げることができる。

6.4 成形品の取出し

成形品は必ずしも凸型側に残るとはかぎらない。射出成形のように樹脂だけの成形品の場合には，成形品の寸法は金型の寸法よりも小さくなる。寸法が小さくなる割合を**成形収縮率**という。成形品は凸型側に抱きついて残り，成形した後に成形品を再度金型にはめ込むことができない。しかし，CFRTPはほとんど熱収縮せず，金型表面への付着が凸型側に起こるか，凹型側に起こるかは必ずしも予測できない。**図6.11**は板押え式成形の場合と密閉式成形の場合の，成形後の成形品付着例である。板押え式成形の場合（図(a)）は，凸型に残った成形品は板押えの上昇によって持ち上げられ離型される（図(i)）ので，取出しは容易である。しかし，凹型に付着する（図(ii)）こともありうる。密閉式成形の場合（図(b)），凸型に残った成形品を持ち上げる板押えはないので，凸型に付着したままになる（図(i)）。逆に凹型側に付着する場合もある（図(ii)）。

凸型，凹型に成形品が付着した場合，**図6.12**のように**イジェクタピン**を用いて突き出すのが通常である。金型への付着力は強くないが，イジェクトする際，金型と成形品表面との間に空気が挿入されるように考慮しないと，成形品表面と金型表面が離れて真空になろうとするところに大気圧の力で押し返されて，成形品が変形してしまうことがあるので，イジェクタピン穴や成形品端部から空気が供給されるように工夫する。

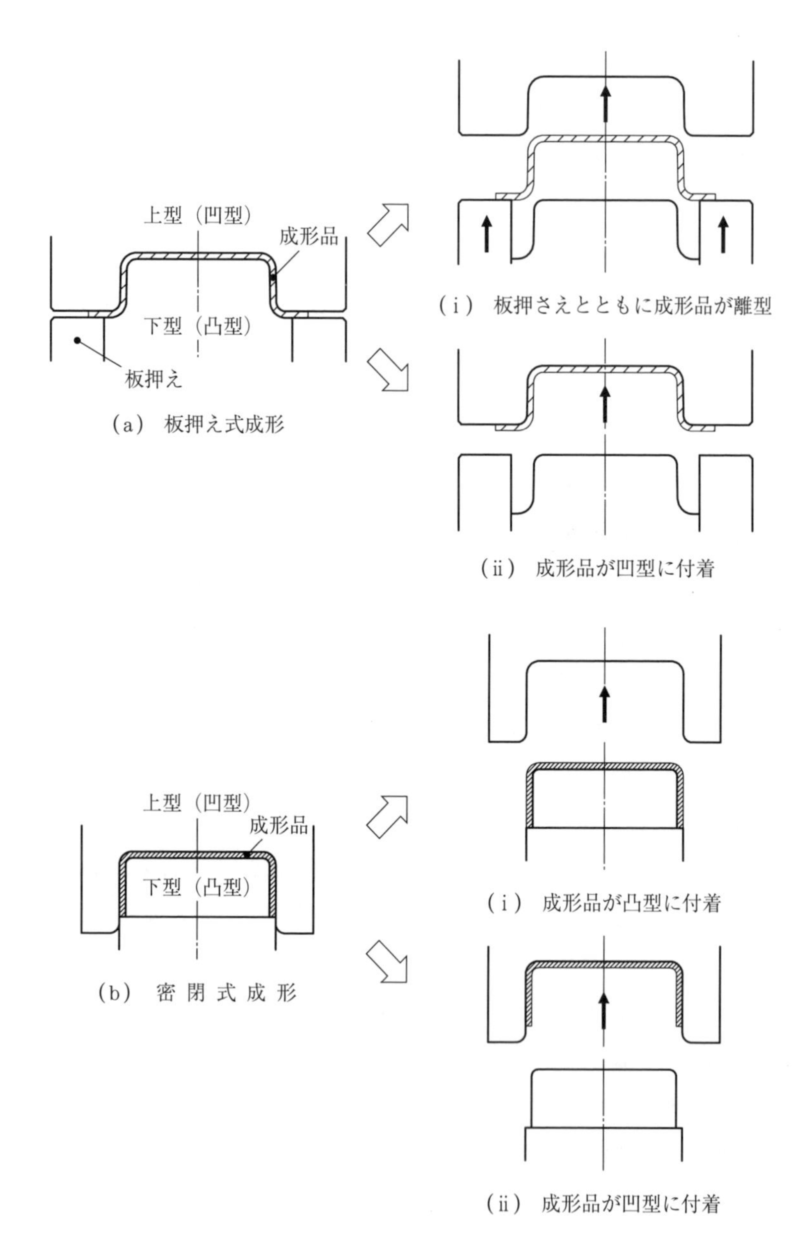

図 6.11　成形品が凸型に残る場合と凹型に残る場合

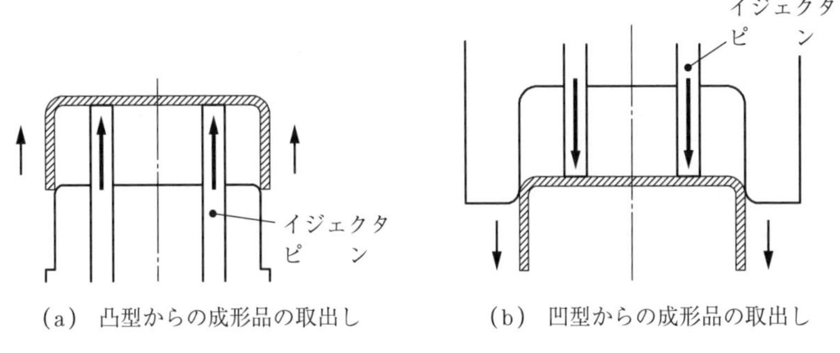

(a)　凸型からの成形品の取出し　　(b)　凹型からの成形品の取出し

図 6.12　成形品の取出し

6.5　樹脂と金型表面との接触および付着

溶融状態の樹脂は金型表面に付着すると考えるのが普通である。溶融状態の樹脂が付着しない金型表面をつくることができたら画期的である。射出成形の場合には，金型内に流入した溶融樹脂が金型表面に固着して表面層をつくり，表面層に挟まれた隙間を溶融樹脂が流れていくことが流動の基本である。しかし連続繊維の CFRTP のプレス成形では，金型に付着した樹脂の表面層と内部の炭素繊維とが結び付いてしまうと，繊維の変形が拘束されるか，炭素繊維の変形の際に樹脂表面層を破断してしまうなど，樹脂と炭素繊維とが干渉することが考えられる。ただし，実際にこのような金型内の樹脂表面層と内部の炭素繊維との挙動を詳細に観察した研究はまだ行われていない。CFRTP のプレス成形の場合には，加熱炉でプレートを加熱し，そのプレートを金型表面にセットするという過程を考えると，加熱されたプレートの表面は金型表面と接触する前に外気にふれて冷却されるので，表面には固化した薄い樹脂の層ができるはずである。したがって，この「被膜」のような薄い固化層と金型との付着を防げれば，変形中の金型表面と樹脂表面との付着がないようにできるかもしれない。**図 6.13** は，プレス成形中（図 (a)〜(d)）の CFRTP プレート材料表面と金型表面との接触状態を推定したものである。加熱した CFRTP プレートを金型で成形する際，まずプレートを金型上に置いたときの接触，つぎにコー

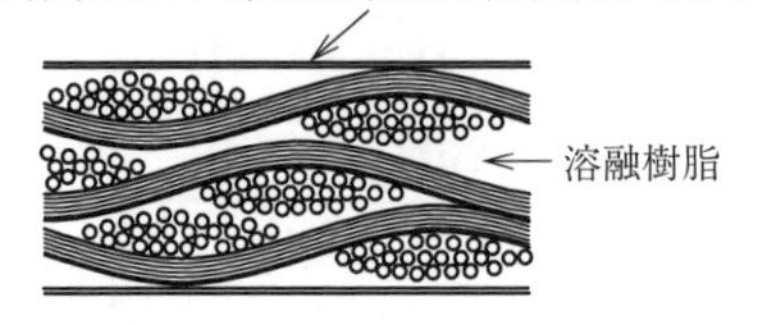

(a)　金型外で加熱後搬送

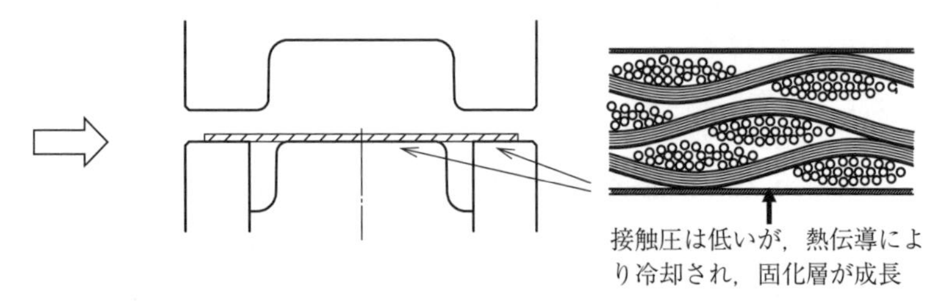

(b)　金型上に設置

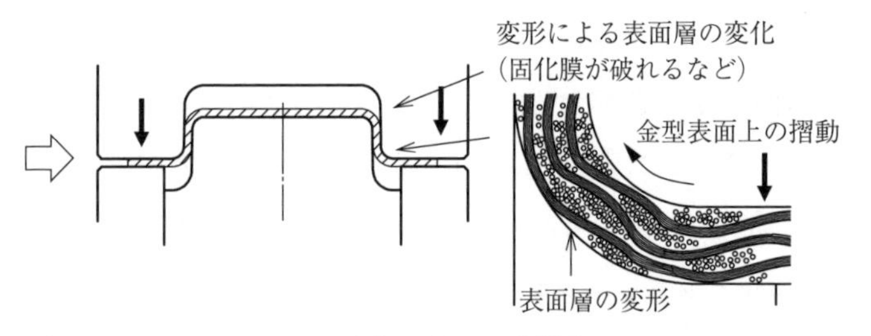

(c)　プレス成形中

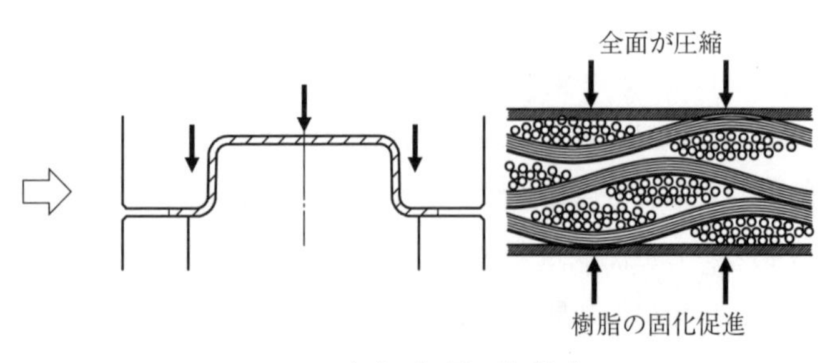

(d)　加圧・冷却中

図 6.13　CFRTP プレートのプレス成形中の金型との接触状況の推定

ナー部などにおける材料表面と金型との接触やこすれ，成形中の材料の変形による表面の変化，最後にプレートの表面全面が金型で押さえられるといった過程になる。

なめらかな成形品表面をつくるためには，溶融樹脂と金型表面との付着を防ぐか，付着した樹脂表面層を極力薄く保った状態で炭素繊維の変形を行うことが望ましいと考えられる。

プレス成形時の加圧・冷却過程では，CFRTP 表面を金型と密着させて圧力を付与しないときれいな表面は得られない。圧力をかけない場合は樹脂表面が平らではなく，**図 6.14**(b)のように繊維の凹凸に沿った表面になる。

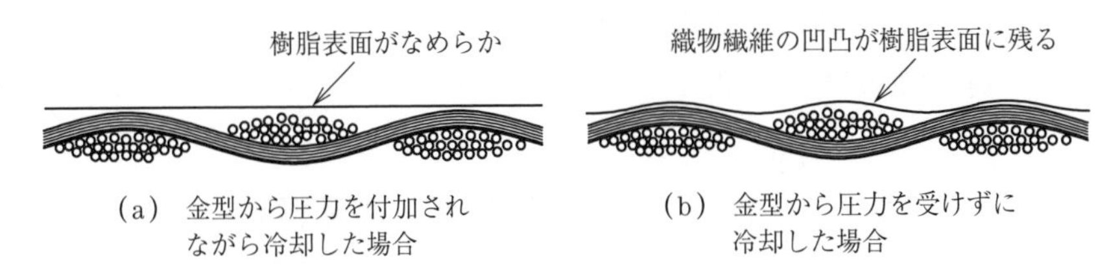

図 6.14 織物繊維の凹凸と成形後の樹脂表面

6.6 離　　型　　剤

金型表面には，樹脂と金型との離型を容易にするための離型剤を塗布するのが通常である。離型剤のタイプには，**図 6.15** に示すように 2 種類ある。一つ

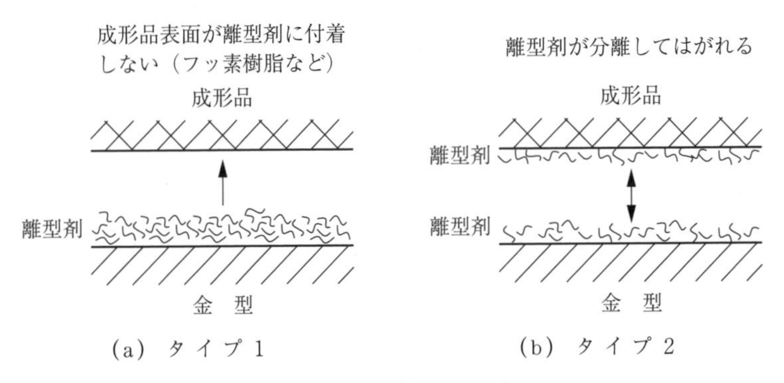

図 6.15 離型剤のタイプ

は，樹脂材料との付着力の小さいフッ素樹脂などによって，離型を容易にするもの（タイプ1，図(a)）である。もう一つは，離型剤が金型と成形品の表面にそれぞれ付着するが，離型剤自身が容易に分離して離型を容易にするもの（タイプ2，図(b)）である。タイプ2の場合には，成形品の表面に離型剤が残留し，それを除去する必要があり，また成形のたびに離型剤の層が薄くなっていくので，離型剤の塗布をつづける必要がある。離型剤の補充を必要としないタイプ1の離型剤が理想であるが，離型が容易でない場合には，この離型剤を塗布した金型表面上にさらにタイプ2の離型剤の塗布を繰り返すことがある。

離型剤については，離型剤メーカーが日々性能向上の製品開発をつづけており，製品それぞれに特徴があるので，メーカーの製品ごとの特性を理解し，経験的に選択するのが実情である。

6.7　金型の材質，表面硬さ，表面粗さ

プレス成形時に材料に付加する圧力は 10 MPa 程度である。金属の鍛造加工などの面圧（300〜1 000 MPa）に比べると非常に低い。しかし，金属板成形などと比べてみると，板成形では主として板材に引張応力を与えて変形させるので，必ずしも板を押さえ付ける圧力を必要としないが，CFRTP のプレス成形では，材料の全面に加圧を行うので，面圧は低くても，大きな面積のものを成形する場合には，圧力と面積の積である荷重が大きくなる。したがって，大面積の成形を行う場合には，成形時の面圧をさらに低くしても良好な成形ができるように目指すことになる。ともあれ，成形時の面圧は 10 MPa 程度と金属の鍛造などの面圧に比べるとはるかに低いので，鍛造の金型に見られるような焼きばめの金型構造などは必要ない。つまり，金型の肉厚はそれほど厚くする必要はない。樹脂の射出成形では，金型内の圧力を 50 MPa ぐらいかけるが，CFRTP のプレス成形でかける圧力はそれよりも低い。そのような圧力付加条件を考慮して金型を設計すればよい。金型の材質は，金属のプレス成形金型や樹脂の射出成形金型と同様のもので考えればよいであろう。筆者らはこれま

で，炭素鋼や射出成形金型用の調質鋼，金型鋼（SKD11 や SKD61 など）で金型を製作してきた。

金型の**表面硬さ**はやはり硬いほうが安心である。特に炭素繊維が直(じか)に金型に接触してこすれた場合には，金型表面に擦り傷が残るので，表面は硬いほうがよい。硬さを出すために表面をコーティングすることも考えられる。

金型の**表面粗さ**は Ra0.2 ぐらいのなめらかさが望ましい。CFRTP の表面は樹脂の表面であるが，金型の表面粗さがなめらかであれば，樹脂表面につやが出て，見栄えがまったく違う。Ra0.2 まで出すには手磨きが必要になる。金型はこの磨きが入ることで格段に値段が上がるが，やはり磨きの入った金型で成形した成形品の表面と磨きを入れていない機械加工のみの表面で成形した成形品の表面は，見栄えがずいぶん異なるので，磨きをかけることの必要性を強く感じる。

6.8　金型の熱膨張・心合せ

金型設計にあたって，考慮しなければならない重要なことの一つが金型を加熱したときの熱膨張と上下の金型の心合せである。

まず金型の熱膨張について述べる。CFRTP のプレス成形時の金型温度は，成形中に樹脂が冷却されて樹脂の流動や炭素繊維の変形が拘束されないよう，樹脂の溶融温度に近い温度にしておきたい。本書で主に取り上げている PA6（ナイロン樹脂）の CFRTP の場合，PA6 の溶融温度が 225℃程度なので，成形時の金型温度を 150～180℃にしている。成形品を取り出すためには，樹脂が冷却されて固化している必要があるので，金型温度をもっと下げ，その代わりに成形速度を上げて，すばやく成形するという考え方もある。いずれにしても金型温度を室温よりも上げるのが通常である。金型温度を上げると金型は熱膨張する。鉄の熱膨張率は，“10 cm，1℃，1 ミクロン”（12×10^{-6}）といわれるが，例えば 400 mm の幅のものを 200℃上げると 1 mm 伸びる。金型を取り付けているスライドやボルスターも同様に温度を上げれば熱膨張が同じになるが，プレス機側のスライドやボルスターは加熱したくないし，全体を加熱するのはエネルギーの無駄にもなる。できるだけ，材料と接する部分だけの温度を上げるのが理想である。しかし，材料と接する金型温度だけ上げて，金型を固定している台やプレートの温度上昇を抑えると，金型の熱膨張と他の部分の熱膨張に差が生じる。そうすると，加熱する金型を，冷却されている台やプレートにがっちり固定すると，熱膨張差でボルトが曲がったり，金型が反ったりといった問題が発生する。金型の加熱と冷却を繰り返す場合，このような金型の熱膨張・熱収縮と固定台側との干渉を防ぐ必要がある。

筆者らが行っている熱膨張差を逃がす工夫は，**図6.16**のように，金型の中心を固定した上で，熱膨張を四方にスライドできるようにすることである。これが最善ではないかもしれないが，いずれにしろなんらかの工夫が必要である。

上下の金型の心合せは，どんな金型でも必要である。上下の金型そのものにはめ合わせる部分があれば，はめ合わせた状態でプレスにセットしてから上型を持ち上げればよい。金型にはめ合せ部分がない場合は，あらかじめ柔らかい金属などを金型に挟んでプレスし，左右のクリアランスが均等になるように金型位置を調整する。

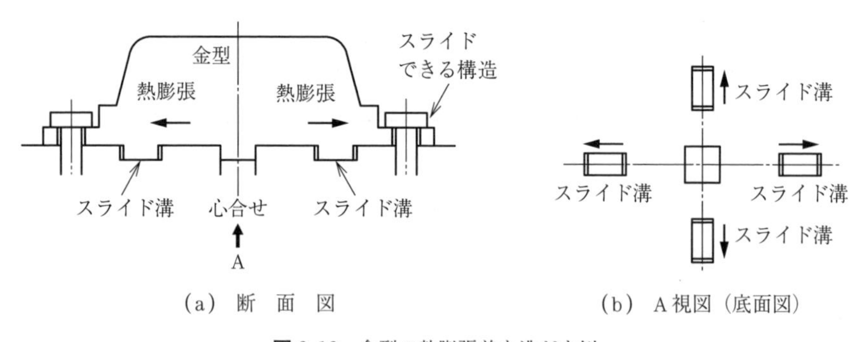

(a) 断　面　図　　　(b) A視図（底面図）

図6.16　金型の熱膨張差を逃がす例

6.9　金型の加熱と冷却

最後に金型の加熱と冷却の方法について述べる。金型の加熱には，**カート**

リッジヒータを用いるのが一般的である。カートリッジヒータは銅パイプの中に電熱線コイルなどの発熱体が組み込まれたもので，発熱容量に応じて，太さ・長さ各種のものが市販されている。これらを金型の各部に長穴を設けて装着する。金型の質量と比熱から，所要の温度まで金型温度を上げるのに必要な熱量を計算し，昇温する時間で割れば，必要な時間当りの熱量が計算できる。周囲に逃げていく熱量が何％かを予測して，加熱容量を決める。大雑把にいえば，加熱した熱量の半分が周囲に逃げていくとして，金型を加熱する熱量の2倍の発熱量をカートリッジヒータの合計発熱量とすればよい。参考までに具体的な計算例を示しておこう。100 kg の金型の温度を 20℃から 180℃まで 20 分間で加熱するのに必要なヒータの選定を考えてみる。

金型の質量：100 kg，鉄の比熱：461 J/(kg･℃)，温度上昇量：160℃

より，金型を加熱する熱量は

$$100\ \mathrm{kg} \times 461\ \mathrm{J/(kg \cdot ^\circ C)} \times 160^\circ\mathrm{C} = 7\,376 \times 10^3\ \mathrm{J} \tag{6.1}$$

20 分（1 200 s）で加熱すると，1 s 当りの加熱量は

$$7\,376 \times 10^3\ \mathrm{J} \div 1\,200\ \mathrm{s} = 6\,147\ \mathrm{J/s} = 6.147\ \mathrm{kW} \tag{6.2}$$

となる。周囲に 4 割程度の熱が逃げていくとすると，合計 10 kW 程度のヒータを配置すればよいことになる。例えば 1 kW のカートリッジヒータ 10 本を配置するようなことを考える。

一方，金型の冷却は，**水冷穴**を設けることが一般的であろう。しかし 100℃以上の高温の金型に直に水を通すと水が沸騰して危険であり，また金型を 100℃以下まで冷やしてしまうと再度加熱するためのエネルギーが大きくなるので，金型を直接水冷することは考えず，金型と接触するプレートなどを水冷することを考える。筆者らは，**図 6.17** のように，成形前には加熱する金型と水冷するプレートに隙間を設けておいて金型を加熱し（図 (a)），成形時には金型のヒータを切って金型と水冷プレートを接触させ，金型を冷却するようにしている（図 (b)）。しかし，成形サイクルを速めるためには，さらに効率のよい加熱と冷却の方法について工夫をする必要があるだろう。

金型の加熱と冷却で参考になるのは，射出成形金型の**ヒートアンドクール**で

ある。射出成形の金型温度は CFRTP の金型温度よりは低いことが多いが，ヒートアンドクールの方法として，高温媒体と低温媒体を切り替える温調機，スチームを用いた加熱，金型の誘導加熱や通電加熱，輻射による金型表面の加熱，金属 3D 造形による冷却水管の金型内への配置など，さまざまな方法がある。

コ ラ ム 4

CFRTP の成形解析

本書では，CFRTP の成形技術を取り上げており，成形解析については扱っていないが，成形材料や成形技術の進展に伴って，成形解析技術の発展が求められるところである。成形解析とは，CFRTP を成形する際の繊維や樹脂の挙動，成形中の圧力や温度，成形後の収縮や変形などをコンピュータで計算することである。

【連続繊維 CFRTP の成形解析】

連続繊維 CFRTP の成形解析の場合，繊維がつながっているので，固体としての解析からアプローチされる。有限要素法の基本は，メッシュに切った各要素の変形やひずみが全体の変形と適合すること，およびメッシュに切った各要素の応力が全体にかかる荷重に適合することを土台にして，要素における応力とひずみの関係（材料特性）を入力し，与えられた変位や荷重に適合する変形やひずみの出力結果を求めることである。要素に与える材料特性や金型との間の境界条件として適切な内容を与えることが重要である。成形解析によって，成形に伴う繊維の配向やしわの発生予測などができる。要素に与える特性としては，引張り・せん断特性，面外曲げ特性などがある。また層間のすべりを解析するためにシェル要素と膜要素を組み合わせた解析法も開発されている。材料物性値の温度依存性や材料の熱伝導率，また材料と型との間の熱伝達率などをあらかじめ調べる試験も重要である。

【不連続繊維 CFRTP の解析】

不連続繊維 CFRTP においては，繊維がつながっておらず樹脂とともに流動する材料なので，連続繊維の固体解析ではなく，射出成形の流動解析などに見られるような流体解析からアプローチされている。このような解析の各要素においては，応力とひずみの関係ではなく，粘性抵抗と速度勾配との関係，つまり応力と速度分布との関係が基礎になる。したがって，材料に適合した粘性特性を適切に与えることが重要であり，このような物性値を得る実験手法の開発も重要である。

これらの解析が適切であれば，各種形状への成形解析を行って，あらかじめ予測を行い，金型や成形法の設計へ役立てることができる。

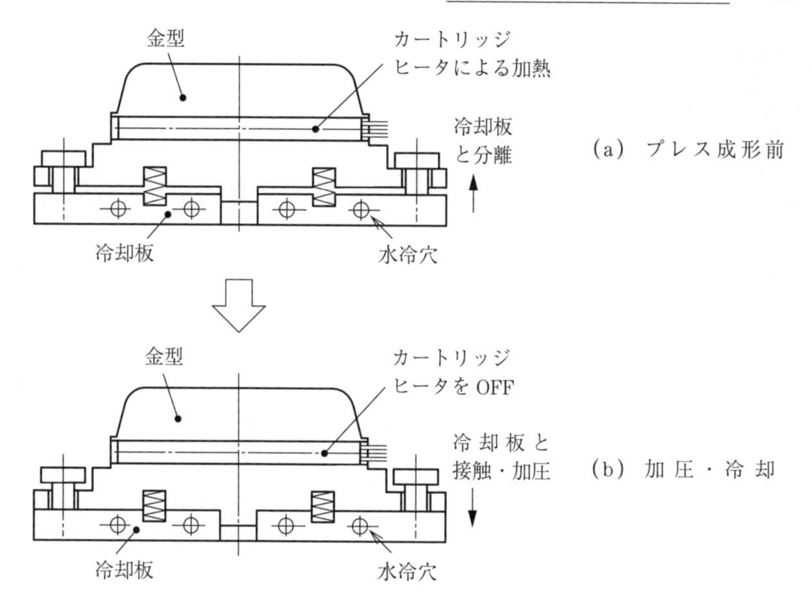

図 6.17 加熱金型と冷却板の例

引用・参考文献

1) D. Tatsuno, T. Yoneyama, R. Watanabe, K. Kawamoto, M. Okamoto and T. Bando：Center Clamp forming of a rectangular cup with continuous CFRTP sheet, J. Materials Engineering and Performance, **29**(6), pp.4075-4086 (2020)

2) D.Tatsuno, T. Yoneyama, K. Kawamoto and M. Okamoto：Effect of side die pressure and adaptive die temperature control in press forming of U-beam using carbon fiber reinforced PA6 sheet, J. Composite Materials, **51**, 30, pp.4273-4286 (2017)

7 プレス機械と材料加熱技術

7.1　CFRTP 成形を行うプレス機械

CFRTP のプレス成形を行うためのプレスに関する知識およびプレスを使うにあたって必要な知識について述べる。

7.1.1　油圧プレスとメカニカルプレス

プレスの基本形式には**図 7.1** に示すように，油圧プレスとメカニカルプレスがある。他に古くから使われているハンマープレス（錘（おもり）を落としてたたく）があるが，CFRTP の成形としては油圧プレスやメカニカルプレスを使用する

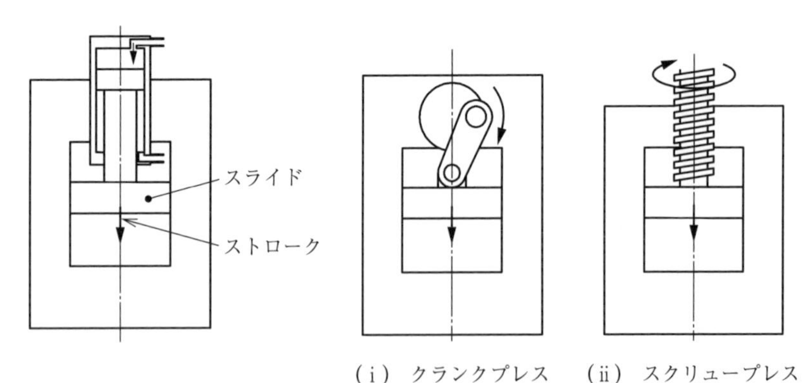

(a)　油圧プレス

(i)　クランクプレス　(ii)　スクリュープレス

(b)　メカニカルプレス

図 7.1　油圧プレスとメカニカルプレス

ことになるので，この二つのプレス機械について述べる。

油圧プレス（図(a)）は，油のタンクからポンプで油を加圧してシリンダに供給し，ピストンを動かして荷重をかけるものである。プレススライドのストロークは，シリンダ内でピストンが駆動する長さによって決まり，スライドがどの位置にあっても最大油圧を発生させることができるのが特徴である。ただし，油を流動させてピストンを動かすので，メカニカルプレスよりも一般的にスライド速度は遅い。

一方，**メカニカルプレス**（図(b)）は，モータの回転運動をスライダの往復運動に変換して加圧するものである。代表的なものの一つは，モータでクランクを回し，クランクの回転をスライダの往復運動に変換してスライドを動かして加圧するものである（図(i)）。**クランクプレス**と呼ばれている。スライドのストローク全長はクランクの回転直径に一致し，下死点に近い位置で最大加圧を行うことができる。スライドのどこでも最大荷重を出すことはできないが，一般に油圧プレスと比べて駆動速度が速いことが特徴である。他にメカニカルプレスの形式として，送りねじの回転をスライドの往復運動に変換するものがある（図(ii)）。**スクリュープレス**と呼ばれている。このプレスの特徴はストローク長さが限定されないこと，最大荷重がどの位置でも発生できることである。一般にねじの回転から直線運動に変換するときの効率が課題となるが，それぞれのメーカーが工夫している。

CFRP 成形用のプレスとしては，従来から，油圧プレスが使われることが多い。その理由はもともと CFRTP 成形の流れは樹脂成形の流れから来ており，樹脂を加圧しながら冷却するというプロセスでは，冷却時の熱収縮に対応しながら加圧をつづけることが必要になるので，荷重を制御するのに都合のよい油圧プレスが使われてきたのだと考えられる。しかしメカニカルプレスでもモータの制御によって荷重を制御することは可能であり，今後それぞれのプレスが CFRP 成形に適合した技術発展をしていくものと考えられる。

7.1.2　プレスの剛性

プレス成形を行うにあたり，**プレスの剛性**を頭に入れておくことは重要である。**プレスのフレーム構造**には，**図7.2**に示すようにC形フレーム（図(a)）と門形フレーム（図(b)）がある。剛性は門形フレームのほうがはるかに高い。C形フレームは片持ち梁(ばり)であるのに対し，門形フレームの場合には両端固定梁に相当するからである。同じ断面で長さLの梁で，片端固定で先端に荷重をかけた場合の変位に対し，長さ$2L$の両端固定で中央に同じ荷重をかけた場合の変位は8分の1となる。

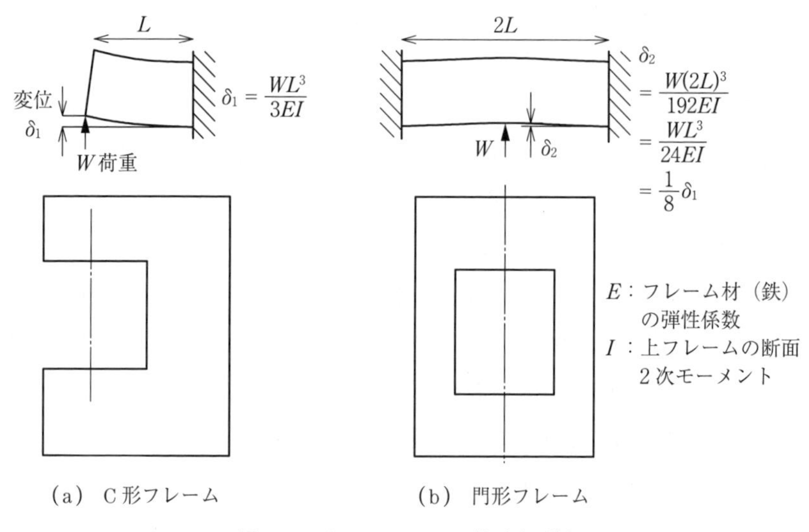

図7.2　プレスのフレーム構造と剛性

かけた荷重の反力によってフレームが変形することを**口開き**というが，C形フレームの場合，かけた荷重の反力によって「口が開く」とともにスライドが傾くので，それが精度などに影響するかどうか考えておく必要がある。このようにC形フレームは剛性という点では門形に劣るのだが，左右方向と前方の3方がオープンなので，作業性がよいことが利点である。

7.1.3 荷 重 制 御

CFRTP の成形では，炭素繊維と樹脂との密着強さを保つために，冷却過程で荷重付加をつづけることが重要であることを，これまで繰り返し述べてきた。冷却過程で荷重をかけることについて，プレスとの関係で考えてみる。樹脂の冷却過程で荷重をかける様子を簡単な図で示すと**図 7.3** のようになる。密閉した容器の中に溶融した樹脂があって，荷重を一定に保ちながら冷却させていくとすると，樹脂が冷却・固化していく間の収縮に伴ってスライドを下げ，一定荷重を保持していくことになる。つまり，荷重だけ変えるのでなく，変位も変えなくてはならない。

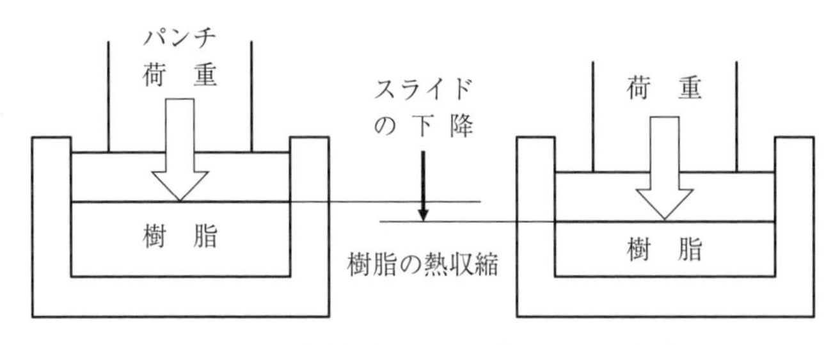

図 7.3 樹脂の溶融状態からの冷却・固化と荷重付加

密閉容器の中での加圧を考えるとこうなるのだが，では密閉した容器でない場合はどうなるだろうか。金型を組む際には必ず隙間がある。少なくとも空気を逃がす隙間は必要である。**図 7.4** のように，パンチと容器との間に隙間がある場合を考えてみる。溶融した樹脂をパンチで加圧しながら冷却しようとすると，樹脂表面の固化層がまだできていないうちは，図 (a) のように，パンチと容器の隙間から樹脂が流出してしまうであろう。樹脂の固化層が薄いうちは，図 (b) のように樹脂が流出しないようにかけられる荷重は低いであろう。樹脂の固化層が厚くなってくれば，図 (c) のようにかけられる荷重は高くなるであろう。つまり，かけられる荷重は，固化した樹脂の膜が破られない範囲となる。樹脂の膜が破られない圧力は，膜厚だけに依存するのではなく，パンチと容器との間のクリアランスの大きさにもよる。溶融した状態の樹脂は，隙間が 10 μm 程度であっても流出していく。逆に樹脂の固化膜が厚くなってく

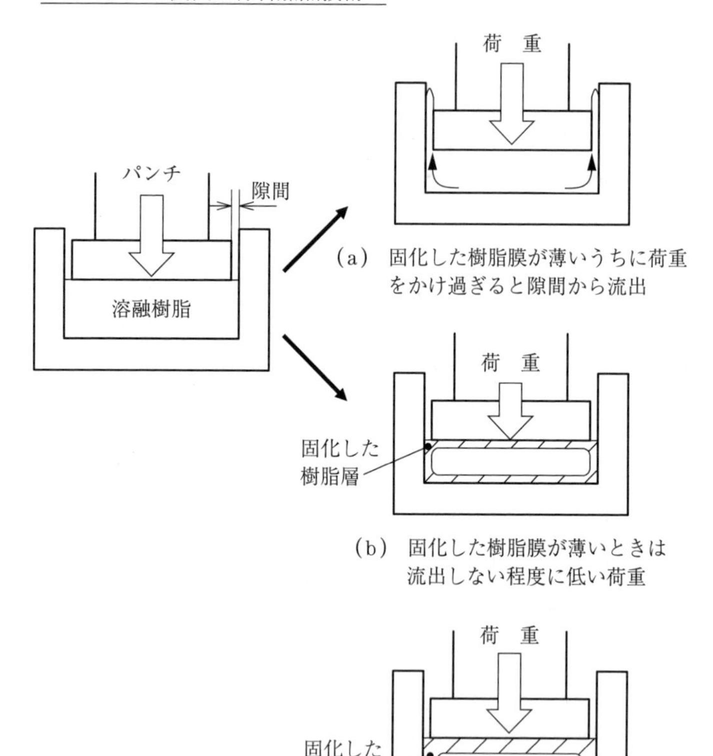

図 7.4　密閉されていない型での溶融樹脂の冷却と加圧

ると隙間が 50 μm あっても容易に流出しない。

では，熱可塑性樹脂と炭素繊維との複合材料である CFRTP の場合はどうなるであろうか。**図 7.5** に示すようなフランジのある形状をプレス成形することを想定し，連続繊維の場合と不連続繊維とで分けて考えてみる。図 (a) の連続繊維の場合，繊維長は変化せず，織物繊維では縦繊維と横繊維が絡まっているので成形後に樹脂は溶融していても繊維は動かず，冷却固化した樹脂は繊維と絡まっているので，冷却過程の加圧によって樹脂が流出することは起こりにくい。しかし，それでも樹脂が溶融状態にあるときに過大な圧力をかけると，

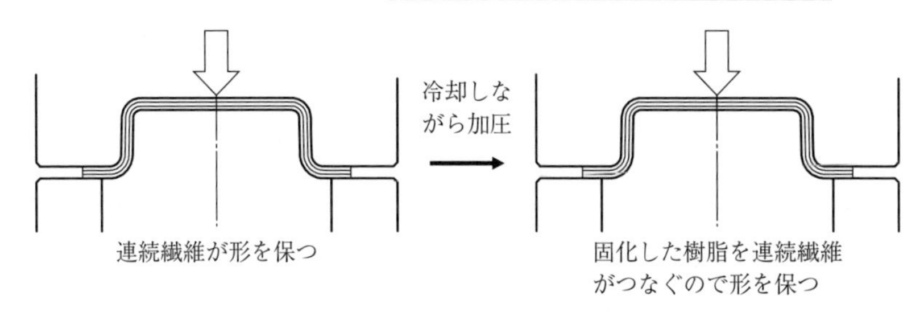

（a）連続繊維の場合

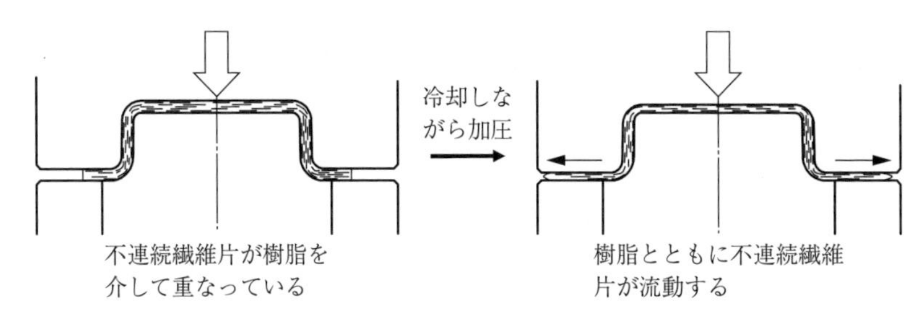

（b）不連続繊維の場合

図 7.5　CFRTP の冷却時の加圧

繊維の隙間を抜けて樹脂が流出することは起こる。一方，図（b）の不連続繊維の場合，繊維片どうしがつながっていない。それぞれの繊維片は溶融した樹脂を介して重なっているだけなので，樹脂が溶融しているうちはどれだけでもすべることができる。したがって冷却過程で加圧すると繊維どうしの間の樹脂はまだ固化していないので，繊維を含めた流動がつづく。したがって，不連続繊維の場合には，樹脂の固化層がしっかりできた後か，閉じた空間の中で加圧しないと材料が流出してしまう。

以上のような状況を考えて，油圧プレスの場合とメカニカルプレスの場合でどうなるかを考えてみよう。油圧プレスの場合，油をシリンダに送り込んでスライドを動かし，対象に当たって抵抗が発生すると，圧力が上がり出す。油圧のバルブで設定した上限圧力に達しない範囲で，成形材料が動き出す圧力にまで圧力が上昇していく。上限圧力まで圧力が上がってもそれ以上動かなければ，その状態で上限圧力をかけつづける。つまり油圧プレスでは，上限圧力に達するまでの範囲では対象物の抵抗に応じた荷重で押し，対象物の抵抗が上限圧力を超えた場合には上限圧力で押しつづける。

クランク機構のメカニカルプレスで荷重制御を行う場合には，**図7.6**に示すように，メカニカルサーボプレスを用いて，スライドの下死点より少し上で樹脂が溶融状態のCFRTPの成形が行われるようにする。クランクの最終角180°に到達してしまうと，それ以上スライドが進行できないからである。スライドストロークの下死点よりも少し上方で樹脂が溶融状態での成形を終わらせ，樹脂の冷却過程で加圧する荷重を決めると，その荷重を保ちながらスライドを進行させることができる。

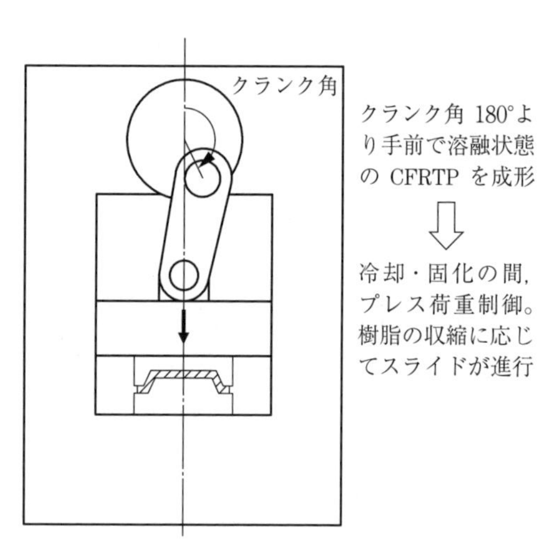

図7.6　メカニカルサーボプレスによる荷重制御

スクリュータイプのメカニカルサーボプレスでは，樹脂が溶融状態で成形した後，やはり樹脂の冷却収縮に合わせて所定の荷重を保つようにスライドを進行させることになる。

いずれにしても連続繊維か不連続繊維かによって，また樹脂の固化層の厚さや金型クリアランスの大きさによってかけるべき圧力が変わってくるので，それらを考慮して，結果として炭素繊維と樹脂との密着強度が保たれるような荷重条件を見つけていくことになる。

7.1.4　位　置　制　御

プレス荷重に応じてプレスのフレームが変形することを剛性のところで述べたが，プレスの**位置制御**に関わって，**スライド変位**と**スライド位置**との関係について述べておきたい。CFRTP のプレス成形において，連続繊維の場合には，繊維自身の長さは変わらないので，変形による繊維束の厚さの変化は，束が広がったり集積したりすることによる厚さの変化によってある程度決まってしまうが，所定の厚さに成形することは求められるであろう。不連続繊維（UD カットランダム材を想定）の場合には，繊維片がすべると厚さは大きく変わるので，所定の厚みに成形するための金型の位置精度が重要になる。これらは，上述の荷重制御ともすり合せしなければならない。

メカニカルサーボプレスの特徴はいろいろなスライドモーションを組むことができる点にあるが，スライド変位と金型の位置精度については注意が必要なので，**図 7.7** に示して説明する。スライドモーションを決めるときに，スライドのボルスターからの高さでプログラムを組んだりするが，このときのボルスターからの高さはあくまでも無負荷のとき（フレームが反力で変形しないとき）の高さである（図 (a)）。しかし，プレス荷重がかかると反力によってプ

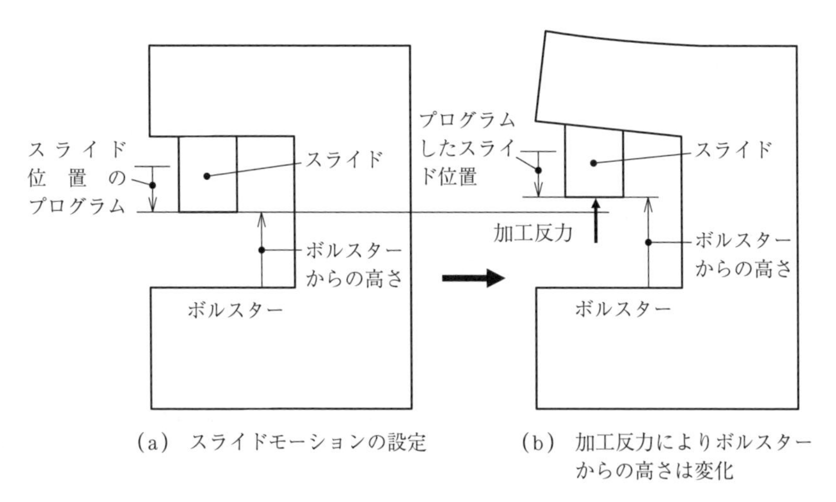

(a)　スライドモーションの設定　　(b)　加工反力によりボルスターからの高さは変化

図 7.7　加工反力によるスライド位置の変化

レスのフレームが変形するので，スライドがプログラムどおりの変位を発生しても，反力によって反り返った分だけ，ボルスターからの高さは異なる（図(b))。したがって，プレススライド制御はあくまでスライド長さの制御であって，ボルスターからの高さの絶対位置の制御ではない。CFRTP 成形品の厚さなどの寸法精度を高めるためには，上型-下型間の位置計測が重要になる。

7.2　CFRTP の加熱技術

プレス成形を行うための CFRTP プレートの**加熱技術**について解説する。熱可塑性樹脂を炭素繊維に含浸させたプレートをプレス成形するためには，プレートの温度を熱可塑性樹脂の溶融温度域にまで加熱しておかなければならない。主な加熱方法には，近赤外線ヒータを用いる方法，遠赤外線ヒータを用いる方法，ヒータプレートを用いる方法などがある。これらについて順番に説明する。

7.2.1　近赤外線ヒータ

近赤外線は，波長 0.78～1.5 μm の光で，近赤外線ヒータは近赤外線を照射して加熱するものである。**近赤外線ヒータ**の構造を**図 7.8** に示す。石英ガラス管の中にタングステン線などの発熱体を張り，ハロゲンガス（不活性ガス）で封入してある。一般に**ハロゲンヒータ**と呼ばれるものは近赤外線ヒータである。通電すると発熱体はジュール熱で 2 000℃ 以上まで加熱され，近赤外線を発光する。近赤外線を照射された材料は近赤外線を吸収して温度上昇する。輻射による伝熱なので，スイッチを入れてヒータの発光を開始すれば，すぐに材

図 7.8　近赤外線ヒータの構造

料の加熱が始まるのが特徴である。

近赤外線はアルミ板などによって反射されるので，**図7.9**のように反射板を使い，対象物に光がよく当たるようにする。反射板の形によって反射される光の方向が変わる。反射光を平行にするための反射板の形や，反射光を1箇所に集中させるための形などがある。反射板に当たらない光は，ヒータから全方向に放射される。近赤外線ヒータを並べた炉の中にCFRTPプレートを置いたとき，板に照射される光の密度ができるだけ均一になるようにヒータを配置する。図でわかるように，ヒータとヒータの間に材料があると，二つのヒータからの光が当たるが，一番端のヒータより外側に材料が出ると，一つのヒータからの光しか当たらなくなるので，加熱が一様でなくなる。材料は並べた発熱体の内側に置いて加熱されるようにする。ハロゲンヒータの光は強いので，遮光眼鏡を使用して作業する。

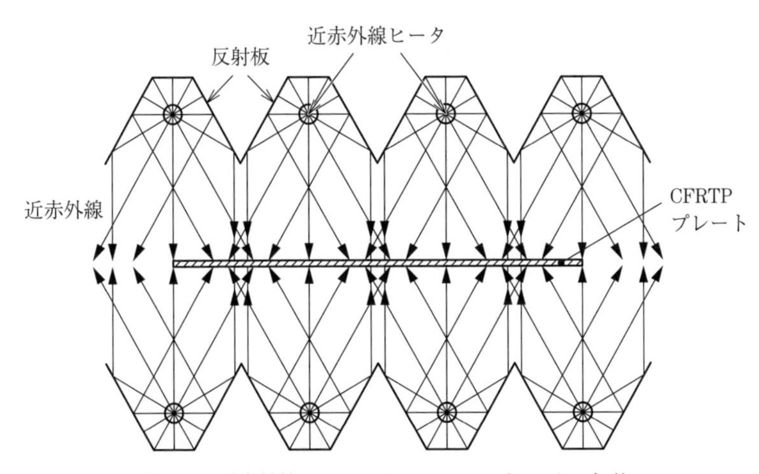

図7.9 近赤外線ヒータによるCFRTPプレートの加熱

つぎに近赤外線を照射された材料が加熱されていくメカニズムを考える。**図7.10**に示すように，樹脂よりも炭素繊維のほうが近赤外線を吸収しやすいので，樹脂を透過して表面近くの炭素繊維に近赤外線が吸収され，炭素繊維の温度が上昇する。温度が上がった炭素繊維が周囲の樹脂を加熱する。シート表面の温度が上がると内部へ熱が伝導していき，内部の温度が上昇する。このよう

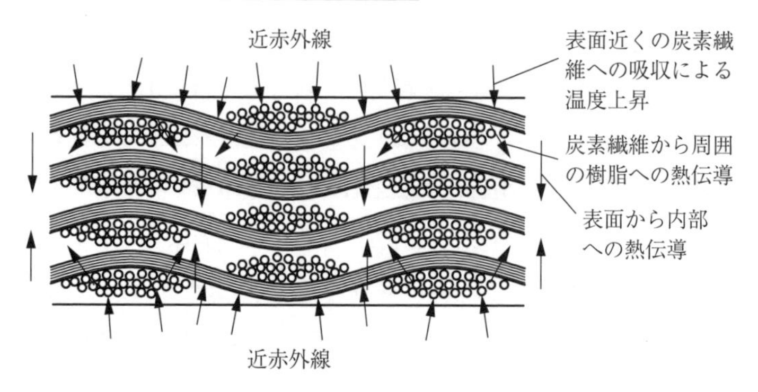

図 7.10　近赤外線の CFRTP 内炭素繊維への吸収と伝熱

に，近赤外線の炭素繊維への吸収による温度上昇，炭素繊維から樹脂への熱伝導，表面から内部への熱伝導が組み合わさって材料温度が上昇していく。

ここで，覚えておきたいことは，表面から内部への熱伝導による温度上昇において，深さの2乗で時間がかかるということである。つまり**図 7.11**に示すように，表面からの深さが2倍のところ（①に比べて2倍深い②）では，同じ温度に到達する時間が4倍，深さが3倍のところ（③のところ）では，9倍の時間がかかる。したがって，厚さ1mmのプレートを加熱する時間が10sだったとすると，厚さ2mmでは40s，厚さ3mmでは90sかかる。筆者らの経験

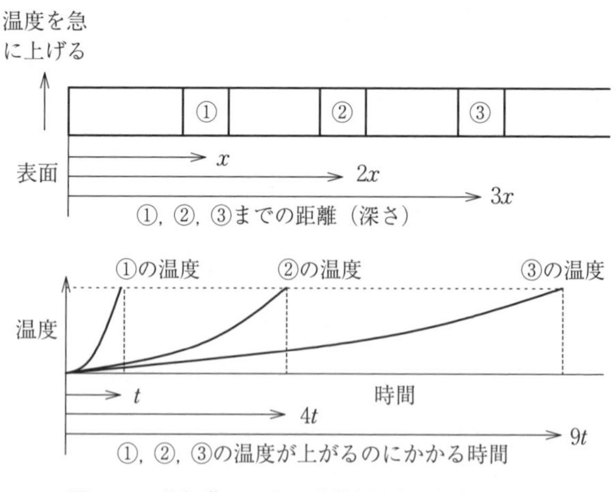

図 7.11　熱伝導における距離と温度上昇との関係

では，厚さ 2 mm の CFRTP プレート（樹脂は PA6）をハロゲンヒータに入れて 280℃まで加熱するのに，50 s かかる。材料の温度は材料に直接熱電対を当てるなどして計測する。

7.2.2 遠赤外線ヒータ

遠赤外線ヒータも加熱によく使われる。遠赤外線とは，波長が 3 μm～1 mm の光である。遠赤外線ヒータ炉を用いた CFRTP プレート加熱のイメージを**図 7.12** に示す。

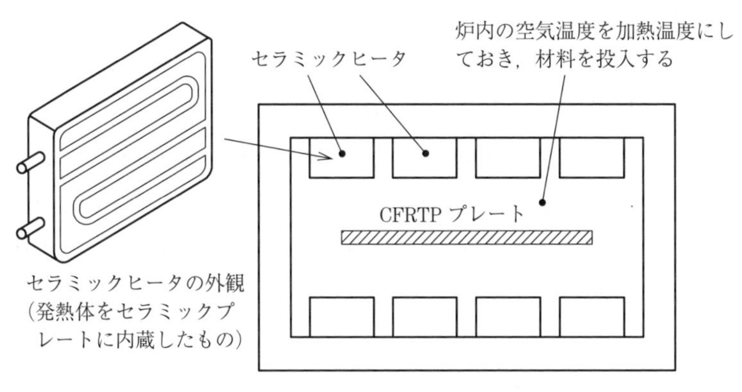

図 7.12　遠赤外線ヒータによる加熱

遠赤外線ヒータの代表的な例としてこの図の左に示した**セラミックヒータ**がある。これは発熱体をセラミックプレートに内蔵して，セラミックプレートを加熱し，このセラミックプレートから遠赤外線を輻射するものである。セラミックヒータの温度は 600～900℃である。遠赤外線ヒータを用いて加熱炉の内部の温度（加熱炉内部の空気の温度）を上げておき，この炉の中に材料を投入して，材料を加熱するのが一般的な方法である。つまり，遠赤外線ヒータの場合は，ヒータのスイッチを入れたらすぐに材料の加熱が始まるのではなく，炉を温めておいた状態にして，そこに材料を投入する。加熱に要する時間は，材料表面からの熱伝導によって内部温度が上昇するまでの時間と考えればよい。前項でハロゲンヒータで材料を加熱する時間の具体例を述べたが，PA6 の樹脂を用いた織物繊維の CFRTP プレートの熱伝導率は，およそ 4 W/(m·K) である。樹脂の熱伝導率は一般に 0.4 W/(m·K) 程度なので，それよりは 10 倍程度大きい。一方，金属の熱伝導率は鉄で 40 W/(m·K)，ステンレスで 10 W/(m·K) 程度なので，鉄やステンレスよりも熱伝導率は低い。

7.2.3　ヒータプレート

ヒータプレートとは，金属板などを所定の温度まで上昇させるプレートのことである。いわゆるホットプレートである。ヒータプレートによる加熱は表面からの熱伝導のみによる加熱になる。ヒータプレートの代表的なものは，**図 7.13**(a)に示したように，銅板内部にカートリッジヒータを内蔵したものである。銅板内に熱電対を挿入して，銅板の加熱温度を設定する。一方，大面積のヒータプレートとして，図(b)のような，**マイカヒータ**をセラミック溶射したステンレス板で挟んだパネルがある。マイカヒータとは，金属の発熱板をマイカプレートで挟んだものである。このヒータパネルのよさは，同じ面積のものを銅板で製作するよりも軽いことである。

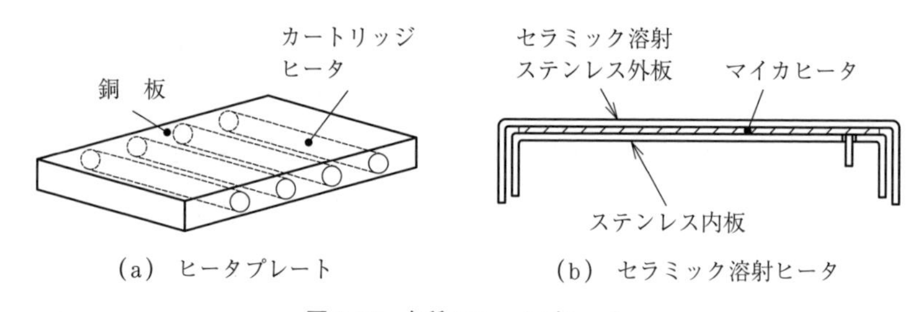

図 7.13　各種のヒータプレート

ヒータプレートで CFRTP プレートを直接加熱する場合，問題となるのは，CFRTP 内の樹脂が溶融するとヒータプレートに付着してしまうことである。したがって，ヒータプレートの金属板の表面に直接 CFRTP プレートを置いて加熱することはできない。そこで，CFRTP の溶融樹脂が付着しないようにテフロンシートなどを介して加熱することなどが考えられるが，単にヒータプレートの上にテフロンシートを敷いてその上に CFRTP プレートを置いても，片面からの熱伝導なので CFRTP プレートが温まらない。そこで筆者らが製作した例が，**図 7.14**(a) に示すような CFRTP プレートを上下のヒータパネルでサンドイッチして加熱する方法である[1]。

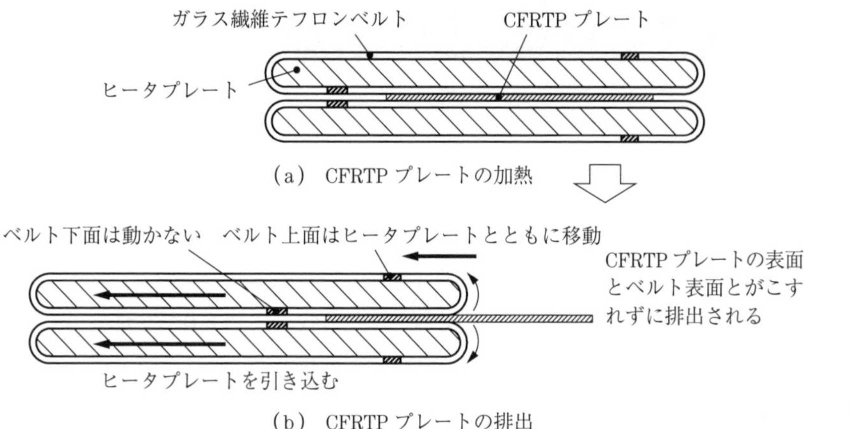

(a) CFRTP プレートの加熱

(b) CFRTP プレートの排出

図 7.14 ヒータプレートを活用した加熱搬送装置

CFRTP プレートとヒータプレートとの間はガラス繊維テフロンベルトを介しているが，両面からの加熱なので，効率的に CFRTP プレートを加熱することができる。また一つの特徴は，CFRTP プレートを加熱炉内で加熱する場合などは，空気との接触で樹脂表面が変色したり，ガスが発生したりといったことが起こることがあるが，このヒータでは CFRTP プレートと空気との接触を防ぎながら加熱するので，そのような問題が生じない点である。この装置のもう一つの工夫は，ヒータプレートをガラス繊維テフロンシートのベルトでくるんでおき，ヒータプレートを水平に動かす際に CFRTP プレートと接触する側のベルトはただ捲(めく)れたり覆ったりするだけにし，CFRTP プレートとベルト表面との間にすべりを生じさせないで，CFRTP プレートを挿入したり排出したりできる点である（図 (b)）。この装置を搬送機上に設置することで，搬送と加熱を同時に進めることができ，プレスの金型上にまでこの搬送台を挿入し，そこで加熱された CFRTP プレートを排出して金型上にセットすることができる。これによって搬送中の CFRTP プレートの温度低下を防ぐことができる。

図 7.15　ヒータプレート式加熱搬送装置からの CFRTP プレートの排出

この装置で，加熱した CFRTP シートを排出している様子を**図 7.15** に示す。

以上三つの加熱方法を説明してきたが，加熱の効率を上げ，加熱時間の短縮を図るため，いろいろな研究開発が行われている。

例えば，加熱水蒸気とヒータを用いた加熱装置が開発されている。空気による加熱よりも熱伝達が速いため，加熱時間が短縮されている。

CFRTP プレートの熱伝導率が概ね 4 W/(m·K) であることを述べたが，炭素繊維そのものの熱伝導率が 10 W/(m·K)，樹脂の熱伝導率が 0.4 W/(m·K) 程度なので，樹脂の熱伝導率を上げることができれば，加熱時間を短縮することができる。そのため，樹脂の中に赤外線を吸収しやすい材料や熱伝導率の高い材料を混ぜ，樹脂の熱伝導率を上げる工夫も試みられている。

マイクロ波加熱は電子レンジと同じ原理である。マイクロ波とは波長 1 mm～1 m の電磁波であるが，この電磁波を投射して材料内部から加熱を進めるものである。炭素繊維はマイクロ波をよく吸収して加熱されるが，樹脂のほうはマイクロ波では加熱されないため，樹脂内にマイクロ波を吸収する材料を混ぜて加熱する方法などが研究されている。

引用・参考文献

1)　立野大地，米山　猛，河本基一郎，岡本雅之：熱可塑性 CFRP シート加熱搬送装置の設計・製作，設計工学，**52**，5，pp.351-362（2017）

8 不連続繊維 CFRTP を用いた塑性加工

8.1 不連続繊維 CFRTP プレートを用いたプレス成形

不連続繊維 CFRTP を用いた成形について解説する。不連続繊維 CFRTP プレートの種類や強度については，3 章で説明した。炭素繊維の繊維長をある程度の長さに切った不連続繊維による繊維強化樹脂を用いるメリットは，連続繊維では難しい複雑な形状を作成できることにある。カットした繊維を用いた CFRTP は連続繊維の CFRTP に比べて強度が約 6 割程度に下がるものの，複雑な形状を成形できることが利点である。

不連続繊維 CFRTP プレートを用いる利点は以下のようなものである。

(1) 連続繊維のように繊維長が変化しないことによる制約がなくなり，輪郭長や厚みが可変となる。

(2) 連続繊維の場合のような極端な異方性がなくなり，変形も強度も等方的になる。

(3) 連続繊維の場合の約 6 割程度の強度を有する。

一方で，依然として残る問題は，UD カット積層板の場合，厚み方向には繊維が配向されておらず，厚み方向は樹脂の強度のみになる。

UD カット積層板を念頭において，まだあまり解明されていないことを以下のように箇条書きで列挙してみる。

(1) 樹脂が溶融している状態で面内に引張応力が作用すると，UD カット片どうしがずれて材料が伸びるが，このときの UD カット片間のずれ応力，あるいはプレートの伸び応力の実測例が少ない。

(2)　樹脂が溶融した状態で面内に圧縮応力をかけると，UD カット片の間にずれが生じて，あるいは UD カット片の間に別の UD カット片がすべり込んで，プレートが圧縮変形できる条件が未解明である。プレートに対して厚さ方向に応力をかけていなければ，UD カット片の座屈が起こってキンク（折れ曲がり）が生じてしまう。

(3)　UD カット片と UD カット片が積み重なった端部では段差が生じるため，その部分は樹脂で埋めることになる。つまり「樹脂リッチ」の部分ができる。UD カット片の厚みが薄いほど，この段差が小さくなるが，UD カット片の厚みを薄くするほど，所定の厚さのプレートを作成するためのカット片の数が増大する。

(4)　UD カットプレートを板厚方向に圧縮して板を広げて所定の形状にプレス成形する場合，個々の UD カット片がどのように動くかはまだ十分解明されていない。また場所によって，UD カット片の積み重ねが多いところと少ないところとができやすい。樹脂が十分に溶融温度域にないと，積み重なった UD カット片によってパンチの下降が止められ，他の部分に圧縮力がかからないといったことも生じる。

以上のように，UD カットランダムプレートなどの不連続繊維 CFRTP プレートを用いた塑性加工については，その変形メカニズムが解明されていない点も多いが，連続繊維における変形の制約を超えて変形の自由度が高いため，加工範囲が今後広がる分野である。

不連続繊維 CFRTP のプレス成形においては，**図 8.1** に示す**シアエッジ成形**の考え方がある[1)]。不連続繊維の場合，樹脂が溶融状態で加圧をつづけると材料が流動して変形が進行するので，金型を密閉状態にしないと隙間から材料が抜け出してしまう。樹脂が溶融した状態で加圧が行われ，材料が抜け出さないためにシールをする必要があり，上型と下型とがはめ合う部分をつくり，その隙間をはめあい公差にする。成形前の材料はプレートとはかぎらない。不連続繊維のブロック（一方向繊維をカットしたチップを積み上げたものなど）をパ

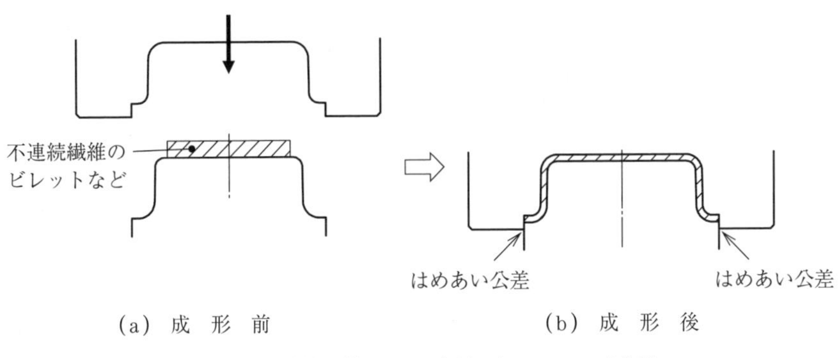

図 8.1 不連続繊維 CFRTP を用いたシアエッジ成形

ンチで加圧し，金型内に材料が充填した状態で加圧をつづけながら冷却することも可能である。

8.2 連続繊維と不連続繊維のハイブリッド成形

連続繊維による成形品は炭素繊維の強度を最もよく活用するものであるが，成形品の剛性を上げるためにリブを付けようとしても，複雑な形状に成形することは難しい。また繊維はまっすぐに伸びた状態で強度が出るので，複雑な形状に成形できたとしても，その中で繊維が曲がりくねっているだけでは十分な強度が出ない。布がぴんと張った状態で引っ張れば剛性が高いが，くしゃくしゃに丸まった状態では剛性が低いのと同様である。そこで，複雑な形状の部分は，連続繊維ではなく，ある程度の長さに切った不連続繊維の CFRTP で充填することが考えられる。

8.2.1 リブ付パネルの成形

連続繊維プレートによるプレス成形品に**リブ**を付ける方法として，**図 8.2** のようなものがある。連続繊維プレートの下に不連続繊維樹脂のプレートまたはブロックを敷き，プレスで加圧したときに不連続繊維部分がリブ溝の中に押し込まれるようにするのが図 (a) である。下型に射出成形のスクリューを取り

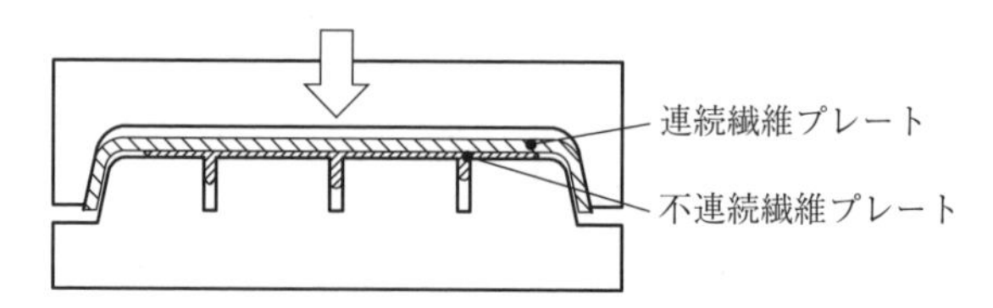

（a）　連続繊維プレート＋不連続繊維プレートのプレス成形

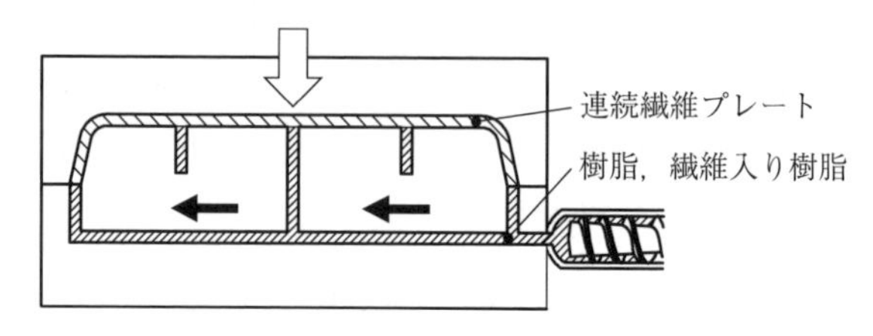

（b）　連続繊維プレートのプレス成形＋射出成形

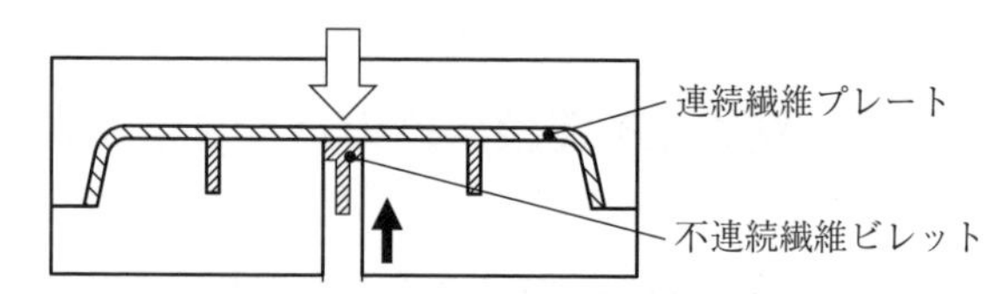

（c）　連続繊維プレートのプレス成形＋不連続繊維ビレット押出し

図 8.2　リブ付パネルの各種成形法

付けて，リブ溝へ樹脂や不連続繊維樹脂の注入を射出成形で行うのが図(b)で，**ハイブリッド成形**と呼ばれている。プレス成形と同時にリブ溝への注入を行ってリブのみを樹脂や不連続繊維で作成することもできるが，射出のタイミングを早くして，樹脂や不連続繊維をリブ溝からあふれる状態にしてからプレス成形することでパネルの裏面全体まで樹脂や不連続繊維材で覆うこともできる。これは**射出圧縮成形**と呼ばれる方法である。筆者らはプレスのダイクッションを活用して，不連続繊維ビレットを下型側から注入する図(c)の方法を試みた。この方法でもプレスの下死点の位置を変えてビレットの注入を行えば，リブだけでなくパネル裏面全体まで不連続繊維材で覆うことができる。以下では，筆者らが行った図(c)の方法（**ビレットフロー**と呼ぶ）について紹介する。また図(a)の方法を**パネルフロー**と呼んで比較する。

8.2.2 ダイクッションを活用したリブ付パネル成形法

ダイクッションを活用して，ビレットフローによってパネルの背面にリブを付ける方法の手順を，**図 8.3**(a)～(e) に示す[2)]。ここで成形したのは，縦横 100 mm，高さ 20 mm のパネルの背面側に厚さ 4 mm のリブを付けたものである。パネル部分は，織物繊維シート（樹脂は PA6）を重ねたプレート（厚さ 2 mm）である。リブを充填するためのビレットは，樹脂 PA6 を含浸させた一方向炭素繊維シートを幅 10 mm，長さ 30 mm にカットしてランダムに配置して圧着した平板から，矩形板を切り出して重ね，20 mm × 20 mm × 60 mm のビレット材としたものである。このビレットを下型中央の矩形穴に挿入し，樹脂が溶融する温度（下型温度で 260℃）まで加熱した。金型の外で 280℃まで加熱した織物繊維プレートを下型上に置いて，上型を下ろしてパネルを成形し

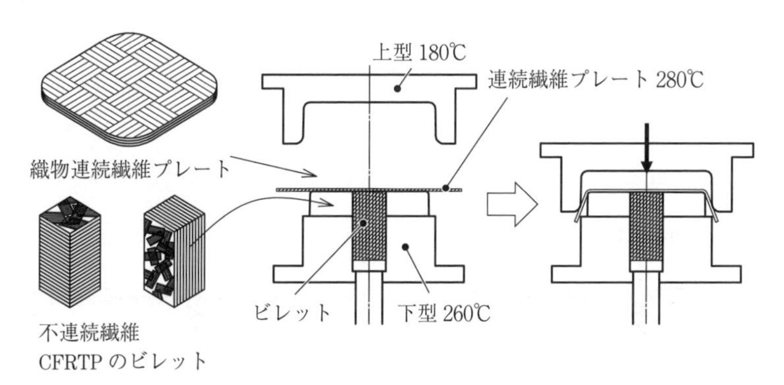

(a) ビレット挿入，パネルセット　(b) パネル成形

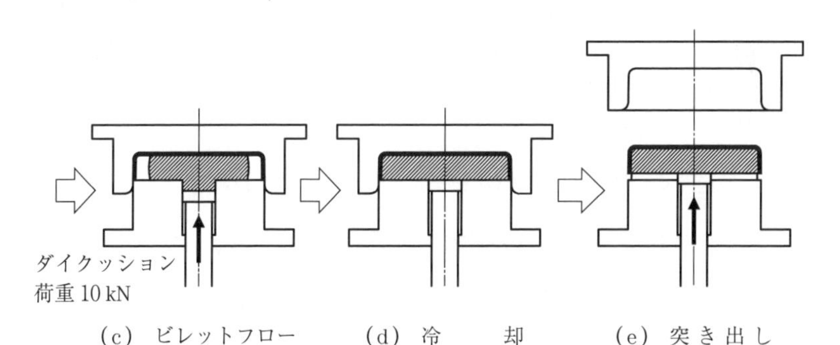

(c) ビレットフロー　(d) 冷　却　(e) 突き出し

図 8.3 ビレットフローの成形手順

た後，ダイクッションを持ち上げてビレット材をリブ溝へ押し出す。ビレット材を下型内で加熱したのは，プレスのスライドストロークとの関係で上型と下型との隙間を通してビレット材を挿入するのが難しかったのが理由で，ビレット材を外部で加熱して挿入してもよい。ビレット材の樹脂が溶融温度域にあるうちはダイクッションからの圧力が伝わる。プレスのスライドが型締め力になって，そこへダイクッション側から圧力をかけている状態になる。この状態を保ちながら冷却を進行させ，樹脂が固化した後に離型して，ダイクッションからの加圧を今度は突き出し力として用いて，成形品を取り出す。

このビレットフローの特徴は，**図 8.4**(a)に示すように，下型側からの押出し流動によって，炭素繊維の方向がパネル平面に沿った方向になることである。繊維の方向に強度が高くなるため，曲げ強度が高くなると考えた。一方，連続繊維プレートと下型の間に不連続繊維材を敷いて上型からの加圧で不連続繊維材をリブに流入させるパネルフロー成形では，図(b)に示すように，繊維方向がパネル平面と垂直になる。この場合は，パネル背面からリブまでつながった繊維が形成されるため，平面とリブとの接合強度が高いことが期待される。

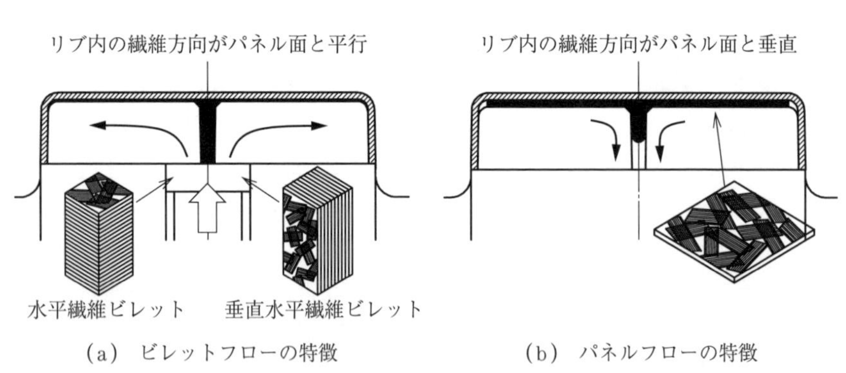

(a)　ビレットフローの特徴　　(b)　パネルフローの特徴

図 8.4　ビレットフローとパネルフローの比較

もう一つのビレットフローの特徴は，断面積の小さいビレットを通して加圧するので，低い荷重で高い圧力を付加することができることである。高い圧力を伝えることで接着強度も高くなることが期待される。一方，パネルフローの場合は，広いパネル面の面積から断面積の小さいリブへ材料を押し込むため，リブへ材料を流入させるための高い荷重が必要となる。なお，ビレットフローにおいて，ビレット内の繊維の方向は，垂直方向の繊維でそろえることも，水平方向の繊維でそろえることもできる。

ビレットフローの方法を用いて，パネル背面にリブを付けた例を**図8.5**(a)に，そのリブの断面を図(b)に示す[3]。不連続繊維ビレットの流動性はよく，厚さ1〜1.8 mm（抜き勾配あり），高さ45 mmのリブを連続繊維のパネル成形と同時に付加することができている。

(a) パネル背面のリブ　　(b) リブの断面

図8.5 不連続繊維の熱可塑性CFRTPをビレットフローで流入させ，リブ付パネルを成形した例（長さの単位は〔mm〕）

8.3 カップ鍛造成形

不連続繊維CFRTPでつくったビレットを用いて「鍛造成形」する方法である。ここであえて「鍛造」という言葉を用いたのは，金属の冷間鍛造や熱間鍛造のように形をつくるイメージをもたせたいからである。もちろん材料が異なるので，金属の鍛造とはだいぶ現象が違う。しかし，逆にその違いを理解していけば，鍛造の知識や経験を生かして，CFRTPの鍛造技術がつくられていくのではないかと期待している。金属が鍛造によって，切削などよりも高い強度が得られるのは，鍛造の過程で**鍛流線**と呼ばれる結晶粒が細長くなった組織がそろい，強度が高くなるからである。CFRTPも繊維方向に強度をもつので，鍛造における鍛流線に相当する炭素繊維配向を形状に合わせて成形できれば，高い強度をもつ成形品を得ることができると考えられる。このためには，どういう変形を与えればどのように炭素繊維が動き，炭素繊維の方向がどう変化するのか，といったメカニズムの知見を得る必要がある。現在，いろいろな成形の実践を積みながら，解明を試みているところである。

8.3.1 金型の設計

例として，**図8.6**のようなビレットを鍛造して，カップ形状を作成する方法を取り上げる[4)]。連続繊維プレートを用いたプレス成形で「深絞り」をすると，成形品の肉厚は4章の図4.19や6章の図6.7で示したように，底部よりも口部分のほうが厚くなる（周囲の材料が集まってくるため）。これに対して不連続繊維のビレットを加圧して鍛造する方法では，側面のいろいろな形状にも追従するし，側面の肉厚の変化にも適応できる。

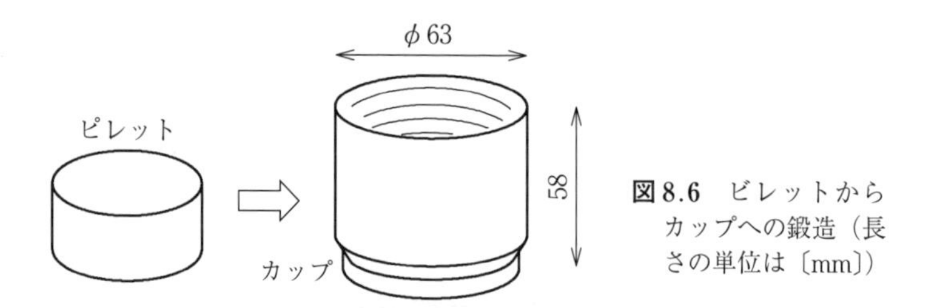

図8.6　ビレットからカップへの鍛造（長さの単位は〔mm〕）

この鍛造成形を行う金型を**図8.7**に示す。パンチには抜き勾配1°を付けた。金型温度を180℃程度まで加熱できるカートリッジヒータを，パンチにもダイにも挿入してある。パンチの押込みによってビレットがつぶされ，カップの側面部に流動して充填する。その後，パンチ荷重を保持したまま成形品を冷却する。ビレットを圧縮して側面部まで流動させるのに必要な荷重は，溶融した樹脂を流動させるだけなのであまり高くないが，充填後樹脂を冷却するまで加圧をつづける必要がある。この加圧を保持する圧力は5～15 MPa程度である。

今回の成形品の直径が63 mmなので，仮に10 MPaを付加すると，荷重は$10 \times (\pi/4) \times 63^2 = 31$ kN（3トン）となる。アルミニウム鍛造において，面圧

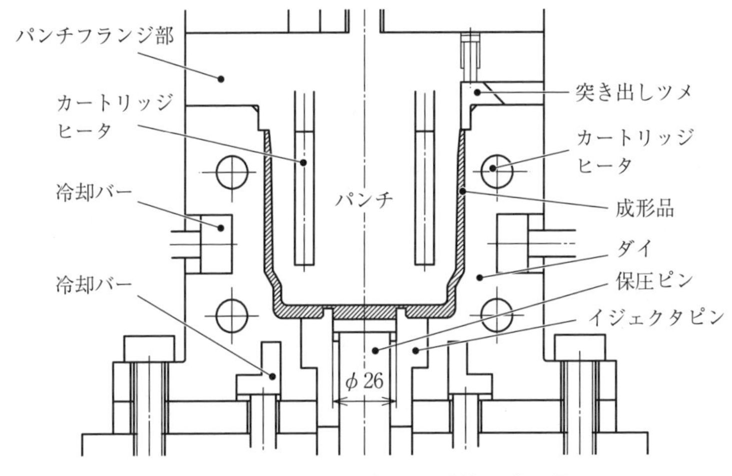

図 8.7　鍛造成形金型（長さの単位は〔mm〕）

が 500 MPa 程度かかるとすれば，この鍛造成形の荷重は金属の場合の 50 分の 1 程度でよいことになる。したがって，圧力に耐えるために金型を「焼ばめ」にしたり，肉厚を大きくとったりする必要はない。上からのパンチの下降は，パンチのフランジとダイの上縁面で止められるので，加圧をつづけるといっても，パンチの下降をつづけるわけではない。設計どおりの寸法を出すためには，所定の位置でパンチが止まることが必要だと考えた。一方，冷却過程で材料に加圧をつづけるように考えたのが，**保圧ピン**による下からの加圧である。保圧ピンで 5.3 kN をかければ，下からのピン面の直径が 26 mm なので，10 MPa の圧力をかけることができる。この保圧ピンで加圧する部分（底面の突起）は，後で抜き落として穴をあける部分で，成形品体積に対して余った材料を受け入れる調整部ともなっている。

金型を設計する場合，考えておく必要があるのは，成形が失敗した場合の対処である。ビレット体積が足りなくてショートした場合どうなるか，ビレット体積が多過ぎて成形品体積よりもあふれた場合どうなるか，金型温度が低すぎた場合どうなるか，離型剤を塗り忘れたらどうなるか，樹脂が固まらないうちにパンチを上げたらどうなるか，金型温度が高過ぎた場合にはどのようなことが起こるか，鍛造後パンチを上げたとき，成形品はダイ側に残るか，パンチに抱き付いて上がるか，パンチに抱き付いた材料をどうとるかなど，想定どおりの成形ができなかった場合の状況を考えておく必要がある。例えば，成形品がダイ側ではなく，パンチ側に付着した場合のことを考えて，パンチの縁に突き出しツメを入れてある。横から押すとツメが下がって成形品をパンチから離す。

8.3.2　不連続繊維 CFRTP ビレットの製作

不連続繊維 CFRTP ビレットは，一方向（UD）繊維の CFRTP シート（UD シート）からカットしたチップを用いて製作することとした。用いた CFRTP の含浸樹脂はナイロン PA6 である。UD シートのカットを用いる理由は，UD シートからつくれば，繊維がまっすぐに伸びた状態が維持され，成形品の剛性も高くなると考えられるからである。繊維がたわんでいれば，繊維がまっすぐに張るまではほとんど抵抗がなく，まっすぐに張った状態になったところで抵抗が上がると考えられる。そこで，まっすぐな繊維で構成されるビレットをつくりたい。

UD カットランダムビレット（**図 8.8**）は UD シートから所定の繊維長と幅をもったチップをカットし，このチップをランダムに混ぜて，円筒容器中で加熱圧着したものである。また，疑似半径方向＋疑似円周方向 **UD 積層ビレット**

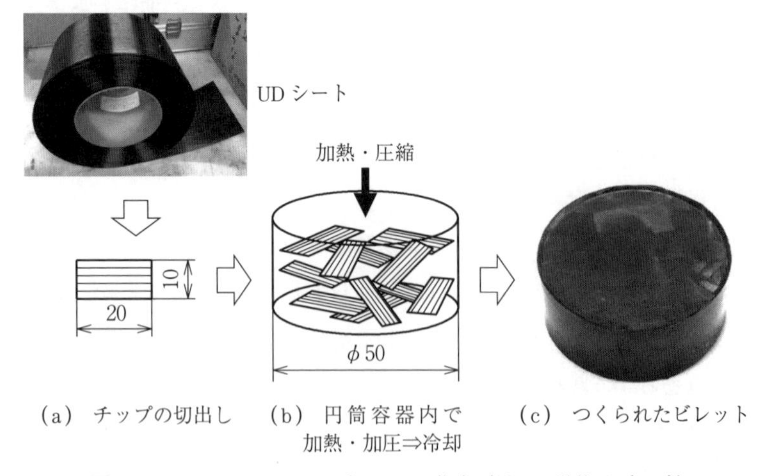

(a) チップの切出し　(b) 円筒容器内で加熱・加圧⇒冷却　(c) つくられたビレット

図 8.8　UD カットランダムビレットの作成（長さの単位は〔mm〕）

は，**図 8.9** のように，UD シートから扇形のチップを切り出し繊維方向が疑似半径の四方向になるように配置したものを**疑似半径方向**，繊維方向が四角に囲むように配置したものを**疑似円周方向**，としてこれらを積層し，加熱圧着したものである。

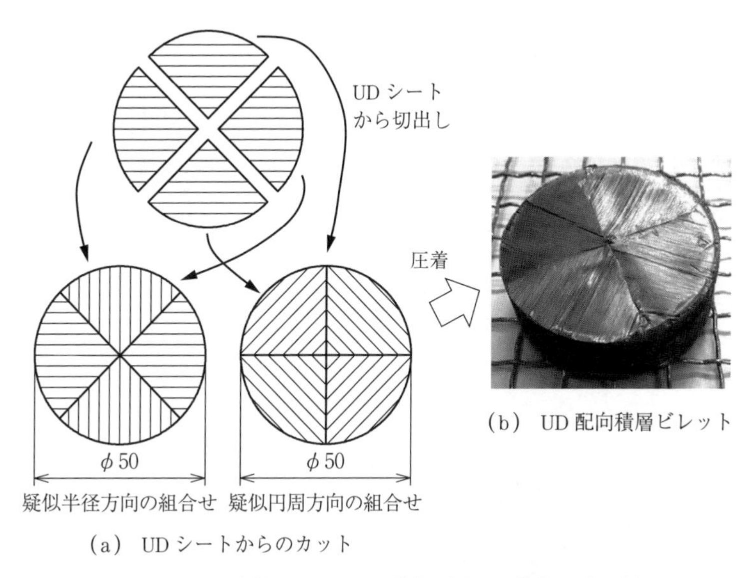

（a） UD シートからのカット

（b） UD 配向積層ビレット

図8.9　UD 配向積層ビレットの製作（長さの単位は〔mm〕）

8.3.3 鍛造成形プロセス

鍛造プロセスを**図 8.10**(a)～(c) に示す。マッフル炉の中でビレットを 280℃まで加熱し，加熱したビレットをダイに挿入する。ダイの温度は 180℃，パンチ温度は 150℃とした。パンチを下降させてビレットを加圧し，底面から側面へと流動させる。パンチのフランジ部がダイの上縁と当たって止まり，保圧ピンを上げて下から加圧する。ヒータを切り，水冷バーで冷却する。材料温度が 150℃程度まで冷却されたら，パンチを上昇させる。成形品がダイ内に残る場合，イジェクタピンを持ち上げて，成形品を突き上げて取り出す。成形品がパンチに付着して上がった場合は，突き出しツメを側面から押してツメで成形品を押し下げ，取り出す。成形品の写真の例を**図 8.11** に示す。

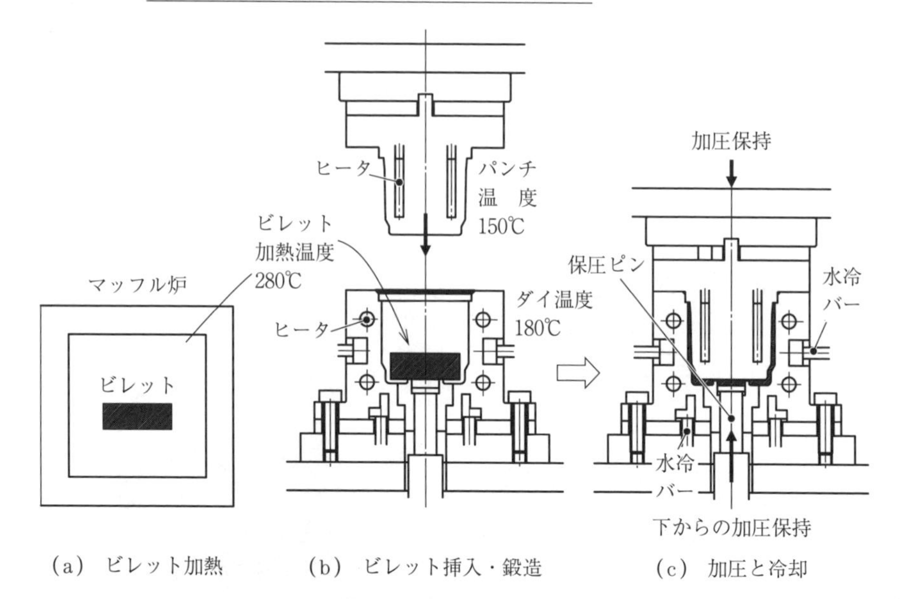

図 8.10　鍛造プロセス

図 8.11　鍛造成形されたカップ

8.3.4　鍛造過程の材料の流動

ビレットがパンチに押されて側面部へ流動する際の繊維の流動について，つぎのように考えている。ビレット内において積層された UD シートが上下から圧縮された場合の主な変形は，**図 8.12** に示すように繊維束が広がって薄くなる変形だと考えられる。繊維方向を交互に 90° ずつ異なるように積層すると，一つの層で繊維束が幅方向に広がると，その方向に直交している上下の繊維

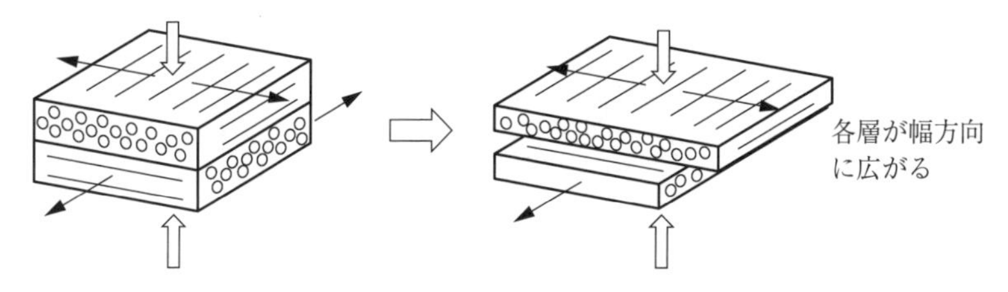

(a) 縦横一方向繊維の積層が上下から圧縮された場合の流動

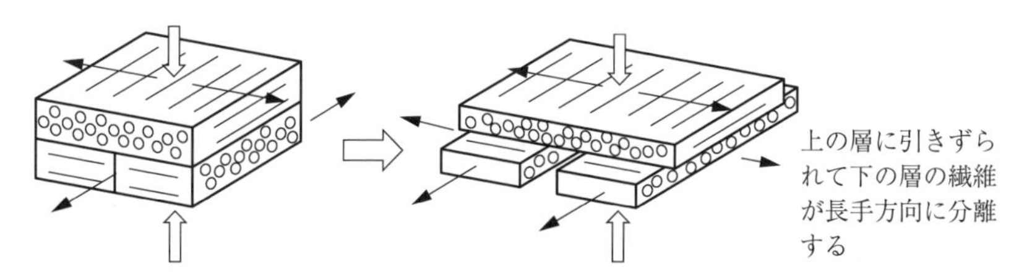

(b) 上記の場合に繊維が不連続だった場合の流動

図 8.12 繊維の積層が上下から加圧された場合の流動

は，繊維の長手方向に引きずられると考えられる。といっても繊維自身は伸びないので，図 (a) の場合のように長手方向の両方に同じ力で引っ張られても動けない。しかし，図 (b) の場合のように繊維が不連続だった場合，その繊維の長手方向に引っ張られた力が強い方向へ繊維が流動していくであろう。もちろんこの層の繊維束も幅方向に広がっていく。したがって繊維束が広がりながら，長手方向には，接触する上下の層が幅方向に動く力に引きずられて動いていくと考えられる。

図 8.9 に示したビレットであれば，**図 8.13** (a)～(c) に示すように，疑似円周方向の繊維の幅が広がるように外側へ流動していくと，その動きにつられて，疑似半径方向の繊維が外側へ流動されると考えられる。このような変形をしながら側面部へ流動していくと予測される。

成形品の底面部から側面部への流動部の断面をカットして観察したものを**図 8.14** に示す。パンチ圧下の材料が圧縮され，側面部へ流動していく様子がうかがえる。

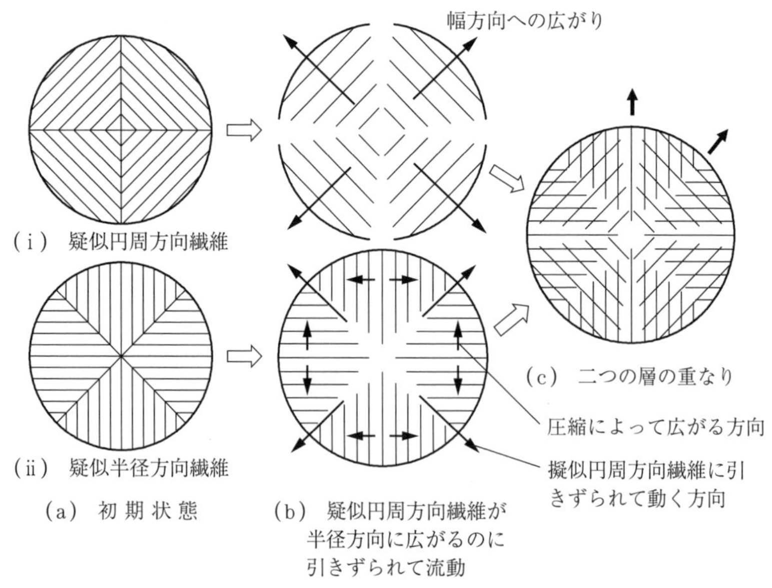

図 8.13　UD 繊維積層ビレットが圧縮されたときの繊維の流動

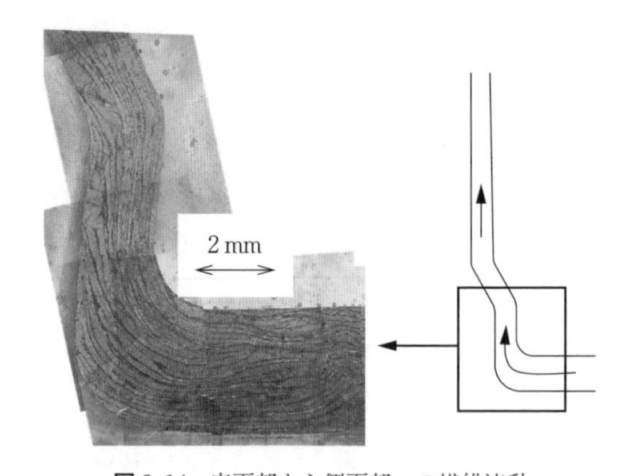

図 8.14　底面部から側面部への繊維流動

8.3.5　成形後の強度

鍛造成形品の側面部から 4 本の試験片を切り出して（図 (a)），3 点曲げ試験（図 (b)）を行った結果を**図 8.15** (c) に示す。ばらつきがあるが，400〜500 MPa の最大曲げ応力があり，最大応力の後，急に破断するのではなく，徐々に荷重

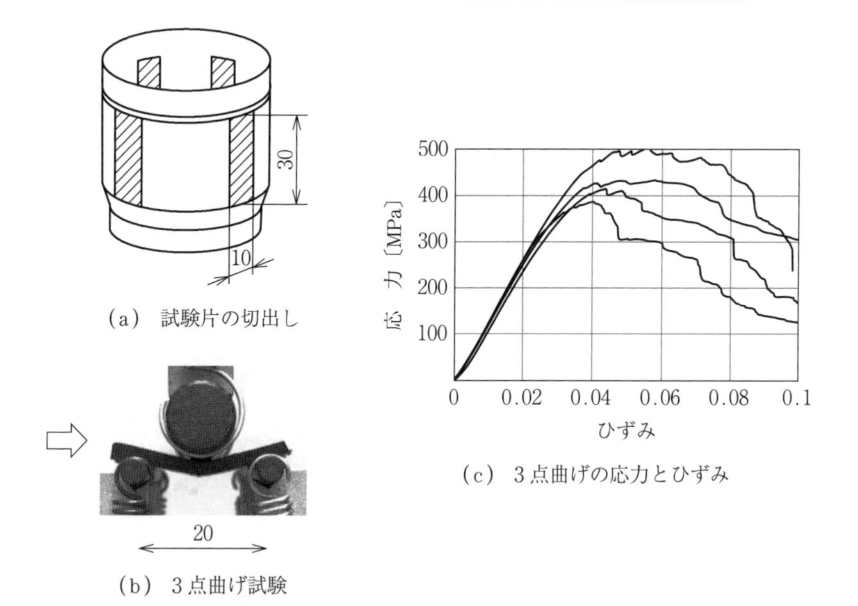

(a) 試験片の切出し

(b) 3点曲げ試験

(c) 3点曲げの応力とひずみ

図 8.15 鍛造成形品側面部から切り出した試験片の曲げ試験結果の例（長さの単位は〔mm〕）

が下がりながら変形している。

不連続繊維を用いたCFRTP材は複雑な形状を作成できるメリットがあるため，今後ますますの開発が期待されている。課題は高強度でばらつきの小さい繊維組織をつくることである。そのために，鍛造過程における不連続繊維材の流動メカニズムの解明が不可欠である。

8.4 歯　車　成　形

不連続繊維CFRTPを活用して歯車を成形する方法について紹介する[5]。繊維方向に強度が高いという炭素繊維の特性を，歯車にどのように適用するかが課題である。歯車の強度は，歯の曲げ強さと歯面にかかる圧力に対する強度，そして長時間使用した場合の耐久性で評価される。歯の曲げ強さを上げるためには，**図 8.16** に示すように，炭素繊維が歯の根元から刃先に向かって伸びていて，かつ連続していることが望ましいと考えられる。そこで，歯車を成形す

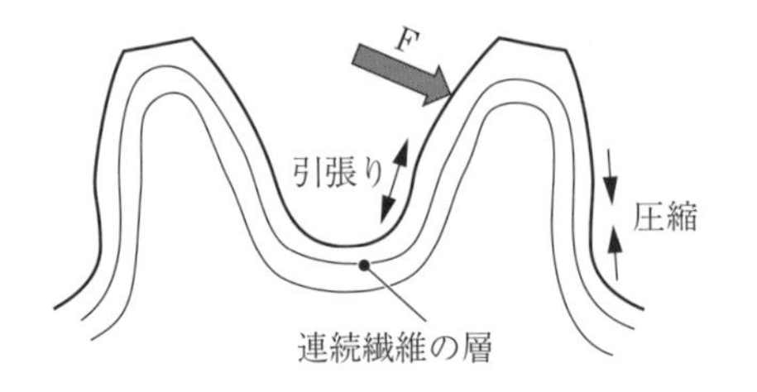

図 8.16　歯の曲げ強さを上げる繊維配向の例

る前のビレットにおける炭素繊維の方向を円周方向に配置し，ビレットを歯型へ押し込む際に繊維を歯面に沿って配向させることを考える。

UD チップ（樹脂は PA6）をランダムに配向した UD カットランダムビレットを芯材として，その周囲に円周方向と縦方向の UD テープを交互に積層したビレットを**図 8.17** に示す。

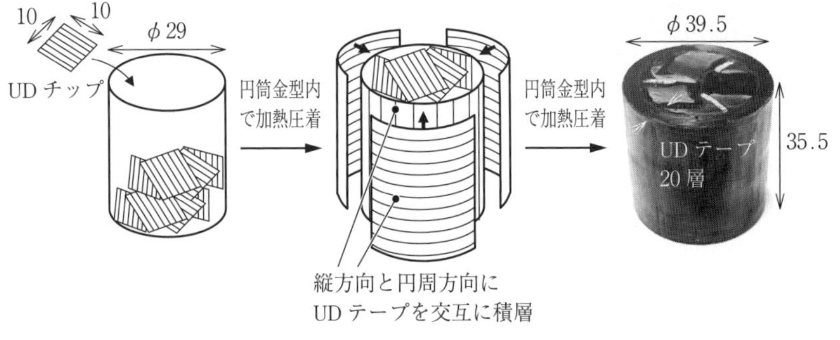

（a） UD カットランダムの芯材　（b） UD テープを相互に積層したビレット　（c） UD テープ 20 層が巻かれたビレット（写真）

図 8.17　UD チップの芯材周囲に UD テープを積層したビレット（長さの単位は〔mm〕）

このビレットを**図 8.18** に示すように金型内で 240℃に加熱して，プレスのスライドとダイクッションによって上下に圧縮し，歯型に材料を押し込む。プレスのスライドによる上からの加圧は，型締め力となり，ダイクッションによる加圧（24 MPa）が金型内への保圧として継続する。金型温度が 150℃になるまで冷却した後，ダイクッション荷重を除荷して歯車を取り出す。

プレスによる加圧によって，芯材の UD チップが**図 8.19** に示すように外側に押し出され，ビレットの周囲に巻いた円周方向と縦方向の UD テープが歯型

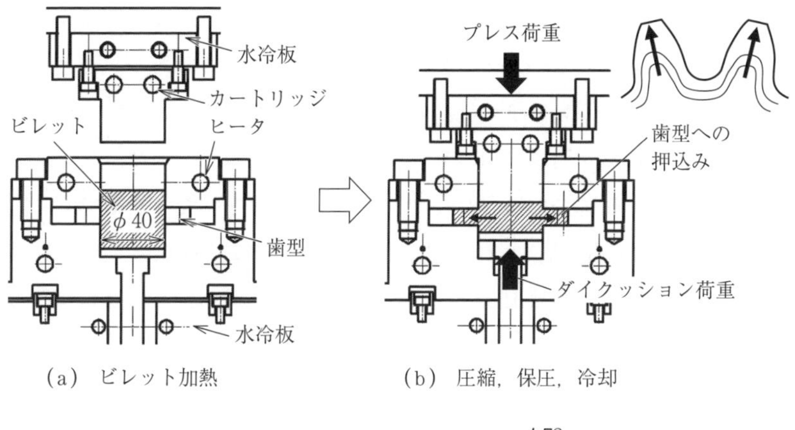

(a) ビレット加熱　(b) 圧縮，保圧，冷却

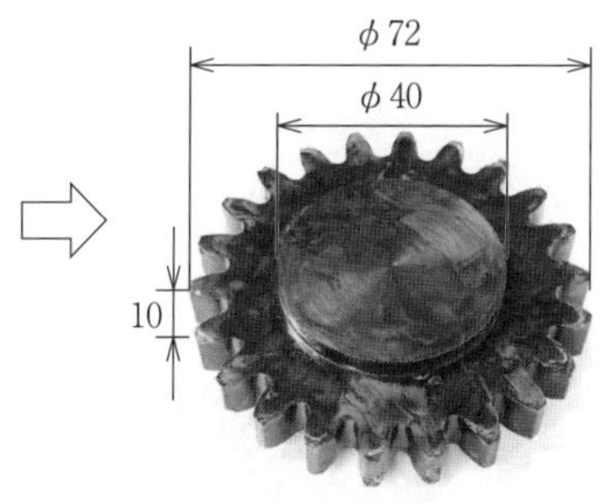

(c) 歯車（$m = 3$，$z = 22$）

図 8.18 不連続繊維ビレットを用いた歯車成形（長さの単位は〔mm〕）

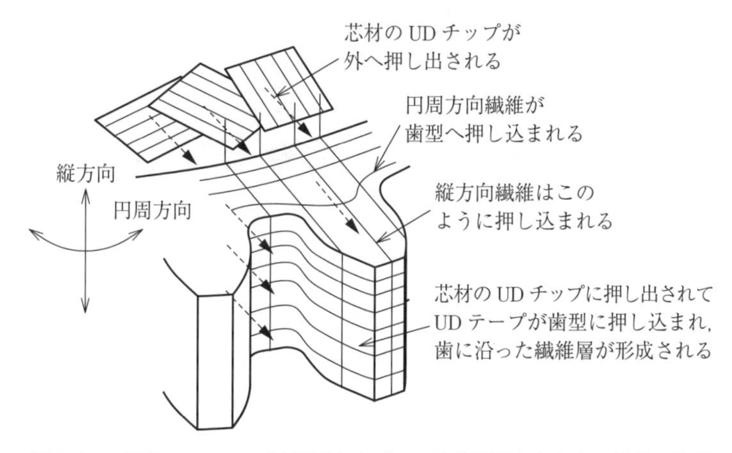

図 8.19 表面に UD テープを積層したビレットを圧縮したときの繊維の流動

に押し込まれる。縦方向にも UD テープを配置したのは，円周方向テープの繊維間の隙間から芯材の UD チップが飛び出すのを防ぐためである。縦方向繊維が UD チップの飛び出しを防ぐことで，成形後も歯形に沿った UD テープ層が最外周に配置される。円周方向のテープを 3 分割して重ねたのは，ビレットの周長よりも歯型の輪郭長のほうが長く，歯形の輪郭長を満たすためである。

成形した歯車の断面観察写真を**図 8.20** に示す。歯車の軸側（写真下側）に筋雲のように見える組織は UD チップの表面である。歯面近くには年輪状の組織が見えるが，これは積層した UD テープの側面である。歯面に沿って連続した繊維層が形成されている。歯に沿った繊維層を詳細に分析したところ，歯の輪郭方向の繊維層（紙面に沿った方向）と歯幅方向の繊維層（紙面に垂直な方向）が交互に積層していることがわかり，元のビレットの組織が保たれたまま歯車が成形されたことを示している。

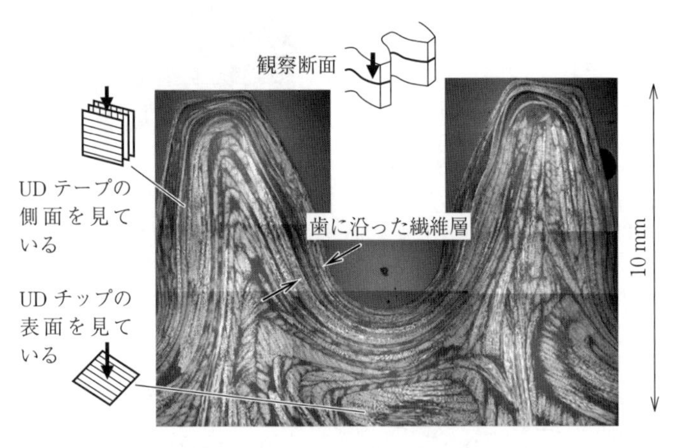

図8.20　成形後の断面（歯面に沿った繊維層）

歯車中の 8 箇所の歯について，ピッチ円上に荷重をかけて，歯を単純片持ち梁とみなした場合の曲げ応力を求めた結果を，**図 8.21** に示す。最大応力において圧縮側の繊維が座屈し，そのときの平均応力は 374 MPa であった。これを MC ナイロンの同モジュールの歯車の歯元曲げ強度（100 MPa）と比べると，非常に高い曲げ強度をもっている。

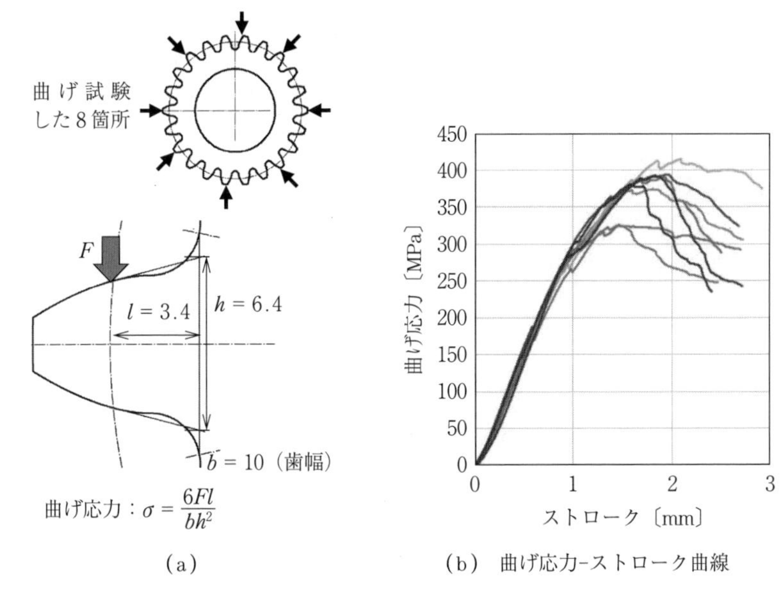

(a)　(b) 曲げ応力-ストローク曲線

図8.21 歯の曲げ強度試験結果（長さの単位は〔mm〕）

CFRTP歯車は，軽さと強度を兼ね備えたものとして今後需要が高まることが予想される。不連続繊維のみで歯車を成形した場合には，歯の強度のばらつきが大きいのに対し，表面を連続繊維で囲った場合には，強度のばらつきが小さい。このように，不連続繊維と連続繊維を組み合わせることで強度のばらつきを減らすことができ，他のさまざまな要素の成形に応用が可能である。

引用・参考文献

1) Quick Form：https://www.toyobo.co.jp/seihin/seikei/kinou_quick/quick_con03.html

2) 米山　猛，立野大地，木村太亮，河本基一郎，岡本雅之，越後雄斗：ダイクッションを活用した熱可塑性CFRPのリブ付パネル成形，塑性と加工，**59**，690，pp.1-6（2018）

3) D. Tatsuno, T. Yoneyama, K. Kawamoto, M. Okamoto and T. Sekido：Billet flow formation of thermoplastic discontinuous carbon fiber ribbed square panels from continuous carbon fibers, Int. J. Material Forming, **12**, issue1, pp.145-160（2019）

4) 米山　猛，立野大地，谷口洸紀，丸茂康二，吉川亮治，伊藤雄介：不連続 CFRTP を用いたカップ鍛造，塑性と加工，**61**，713，pp.138-144（2020）
5) D. Tatsuno, T. Yoneyama, M. Kuga, Y. Honda, Y. Akaishi and H. Hashimoto：Fiber Deformation Behavior of Discontinuous CFRTP in Gear Forging, Int. J. Material Forming, **14**, issure5, pp.947-960（2021）

9 CFRTP の曲げ加工・せん断・接合

9.1 CFRTP の曲げ加工

金属板材の曲げ加工には，**図 9.1** に示すような**プレスブレーキ**がよく使われる。V 溝のある下型の上にプレートを置いて，上から先のとがった工具を押し込んで，V 曲げを行うものである。四辺を順に押し込んで，箱の形状を作成したりすることができる。板全体を曲面形状にする場合には，板全体をカバーする金型を用いたプレス成形が必要であるが，折り曲げで形状が作製できるものは，このようなプレスブレーキを用いた曲げ加工を行っている。プレスブレーキによる加工では，高価な金型製作費用がかからず，多様な形状を簡単な工具で作製できる。

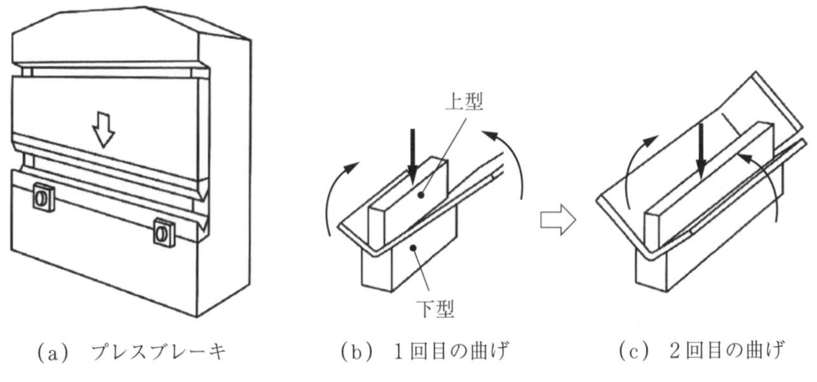

(a) プレスブレーキ　(b) 1回目の曲げ　(c) 2回目の曲げ

図 9.1 プレスブレーキによる金属板の曲げ加工の例

それでは，CFRTPプレートに対してプレスブレーキを用いて曲げ加工できるだろうか。CFRTPプレートは熱可塑性樹脂を含浸した炭素繊維シートの積層材である。炭素繊維自体は伸びたり縮んだりすることはできない。ある場所を曲げようとすると，内側は圧縮され，外側は引っ張られる。金属の場合は引張変形もすれば圧縮変形もするので容易に曲がるが，炭素繊維の場合は，圧縮がかかった側は座屈したり，裂断したりといった問題が起こり，引張りがかかった側は引張りに耐えられなくなって破断するといった問題が起こる。積層シートなので，プレート全体を加熱して樹脂を溶融状態にして，層間をずらしながら曲げれば，**図9.2**のように繊維に影響を与えずに曲げることができる。5.1節でも述べたが，何枚も重ねた紙を曲げると，両端では内側の紙は飛び出し，外側の紙は後退するのと同じである。

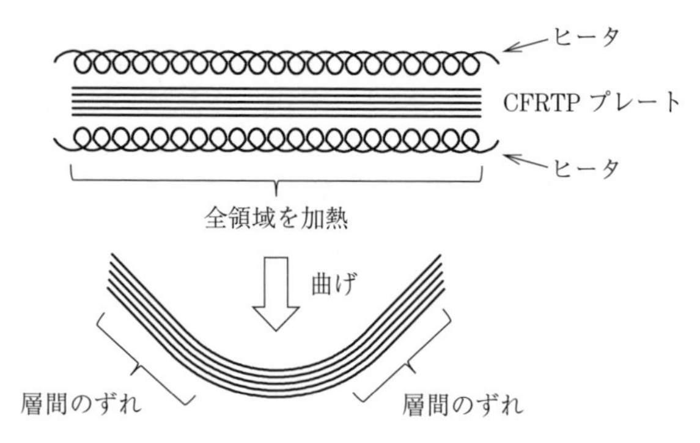

図9.2　連続繊維CFRTPプレートの全面加熱曲げ

CFRTPプレートに対して，板全体を加熱するのではなく，曲げたい部分だけを加熱して，プレスブレーキで曲げることができないだろうか。ここでは，連続繊維積層プレートに対して，曲げたい部分だけを加熱して曲げる局部加熱曲げ加工の試みについて解説する。

9.1.1　連続繊維プレートの局部加熱曲げ装置の試作と試み

まず，プレスブレーキによる曲げに取り掛かる前に，CFRTPプレートをステンレス箔でサンドイッチした状態で，曲げたい部分だけを加熱し，その後V

曲げを行う装置を試作した[1]。ステンレス箔でサンドイッチしたまま曲げようとしたのはつぎの理由からである。通常，V曲げを行う場合，先のとがった工具を押し込み，下型のV溝の両端の縁で板を支える3点曲げになるのだが，3点曲げでは板の裏側が自由表面になって支えがない。CFRTPでは冷却過程で樹脂を加圧しておかないと，樹脂内にボイドが発生したり，樹脂と炭素繊維の密着強度が下がったりする。そこで，ステンレス箔でサンドイッチした状態で，ステンレス箔に引張力をかけた状態で停止すれば，V曲げ後の冷却過程で加圧がかかりつづけると考えた。設計した装置を**図9.3**に示す。上型はV字のリンクになっていて，上型の停止位置を変えれば，V形の角度を変えることができる。下型は両サイド片持ちリンクになっている。ステンレス箔には両側からスプリングで引張りをかける。

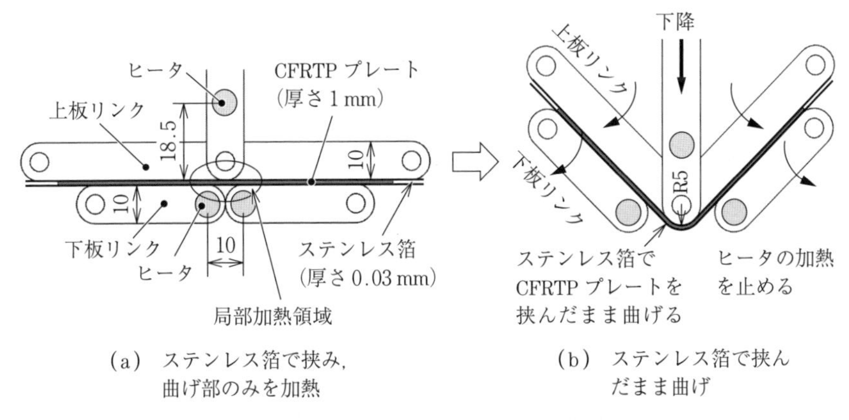

(a)　ステンレス箔で挟み，曲げ部のみを加熱

(b)　ステンレス箔で挟んだまま曲げ

図9.3　局部加熱曲げ装置の例（長さの単位は〔mm〕）

連続繊維プレートは，**図9.4**に示すように，厚さ0.16 mmのUDシートの繊維方向を，曲げ線に直角な方向を0°として，0°，45°，90°，−45°，90°，45°，0°というように疑似等方に7層を重ねて圧着したもの（厚さ1 mm）を用いた。この層の中で繊維方向が0°以外のものは曲げに際してあまり問題がない。曲げ線と繊維方向が同じ90°であれば，繊維束が広がったり，集まったりして曲がることができる。±45°の場合も曲げ線に対して斜め方向の繊維

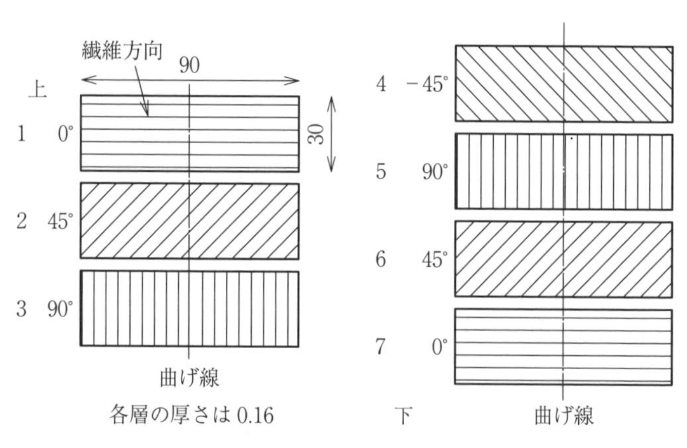

図9.4　疑似等方連続繊維プレート内の各層の繊維方向（長さの単位は〔mm〕）

の束が広がったり，縮んだりして曲がることができる。問題は曲げ線に対して繊維方向が直角な0°方向繊維である。炭素繊維は繊維方向に伸びることはできないので，最下層の0°方向繊維の曲げが基準（金属の曲げであれば中立線）となり，内部の層はすべて圧縮変形しながら曲がると考えられる。

実際に曲げたプレートの写真が**図9.5**である。CFRTPの樹脂はPA6（ナイロン6）である。CFRTPプレートを上型と下型で挟んだ状態でヒータの温度を230℃まで加熱した後，上型を下ろして曲げを行った。図(a)の内側の表面を見ると，表面の凹凸はなく，繊維が板の面外方向に飛び出すことはなく，面内で波形に変形している。図(b)の外表面を見ると，繊維がまっすぐで，樹脂が

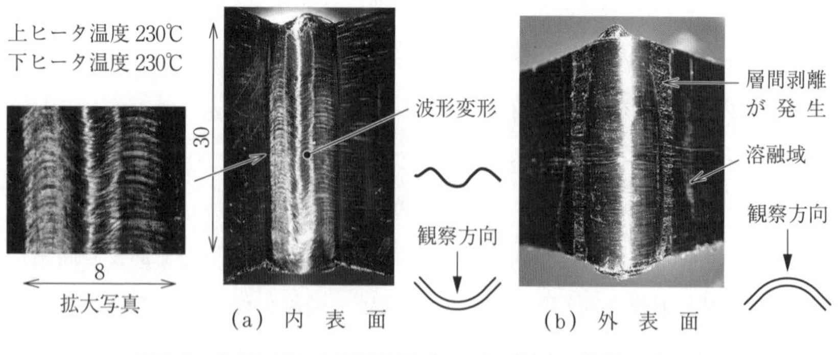

図9.5　曲げ加工した連続繊維プレート（長さの単位は〔mm〕）

溶融した領域と溶融しなかった領域との区分がわかる。外表面の樹脂溶融域の境界部で表面層と内部の層の間で剥離が起こっている様子が見えたものの，このように，連続繊維プレートでも局部加熱による曲げが可能であることがわかる。

9.1.2 プレスブレーキを用いた連続繊維プレートの曲げ加工

そこで今度は，実際のプレスブレーキを使った曲げに取り組んだ[2)]。プレスブレーキに取り付けた上型，下型と曲げのプロセスを示したのが**図9.6**(a)である（図(b)にはその写真を示す）。一方向炭素繊維の疑似等方積層プレートにおいて，曲げ線に沿った幅10 mmの部分だけをプレスブレーキの外で加熱し，そのプレートを下型の上に載せて，上型を下げて曲げる。下型は当初ばねで浮いている状態になっていて，上型を止めて保持すると，下側はばねの反発力で下から押されるので，樹脂が冷却される間，ばねで加圧することになる。金型の温度は，室温のままではCFRTPの樹脂が急冷してしわを発生するので，樹脂の結晶化温度よりは少し低い温度（180℃）に加熱しておく。

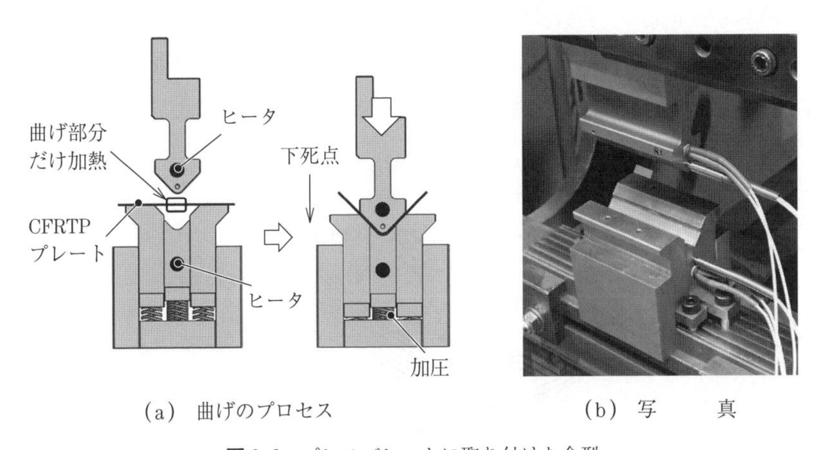

(a) 曲げのプロセス　　(b) 写　真

図9.6 プレスブレーキに取り付けた金型

この金型を用いてプレスブレーキで曲げた例を**図9.7**に示す。このCFRTPプレートの樹脂もPA6である。曲げの内側の層は，やはり平面内で繊維が波形に変形することで繊維が面外へ盛り上がることはなく，内部の層との密着を

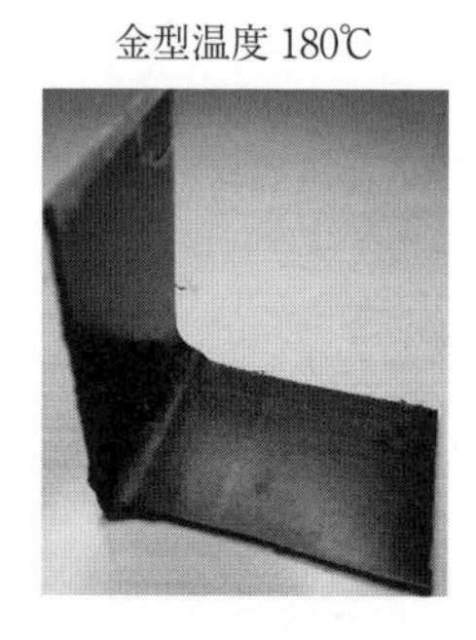

（a） 曲げたシート　（b） 曲げ部分の内表面　（c） 曲げ部分の断面（ボイドなし）

図 9.7　プレスブレーキによる曲げ加工

保っている。曲げ部の断面写真を見ると，ボイドはなく，表面層が内部にもぐり込むようなことも起こっていない。プレート内の最外層と内部の層との間の剥離も見られなかった。

連続繊維疑似等方積層プレートによる局部加熱曲げの繊維変形を，模式的に**図 9.8** に示す。プレートの外側にあって曲げ線に垂直な炭素繊維は長さが変化せずに曲がり，内側の繊維に圧縮がかかる。内部の層で繊維方向が曲げ線に垂直でないものは，繊維の束が寄り集まって厚くなるはずである。最内層で曲げ

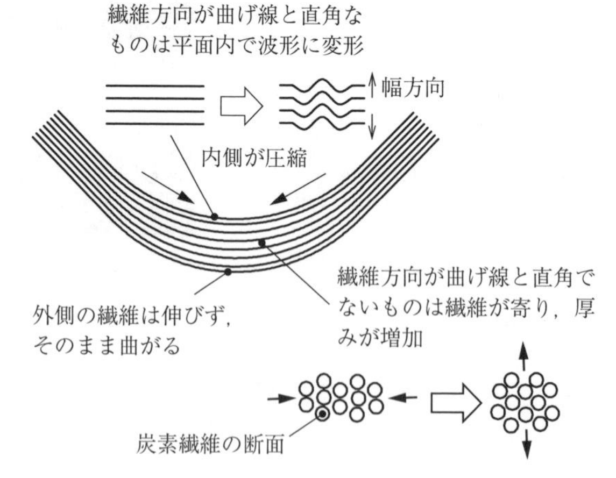

図 9.8　連続繊維 CFRTP シートの局部加熱曲げにおける繊維の変形

線方向に垂直な繊維は波形に変形することで，層間の密着を保つことがわかった。

なお本書ではふれていないが，一方向繊維カット材など不連続繊維片を用いたプレートの局部加熱曲げ加工も可能である。

9.2 せ ん 断 加 工

せん断加工とは，一対の刃（パンチとダイ）の間に板を挟み，パンチを押し込んで板を切断する方法である。**シヤリング加工**とも呼ばれている。

9.2.1 金属板材のせん断加工

金属板材のせん断加工のメカニズムを**図 9.9** に示す。まずパンチを押し込むと切断部が押し下げられるとともに固定側の端部にダレが生じ，その後切断部にせん断変形が生じる。ある程度までせん断変形が進行すると，固定部にかかる曲げモーメントによって発生する引張応力によって，残留している部分が破断を生じ，一挙に破断するとともに，最下端の縁にかえり（バリ）が生じる。したがって，切り残された板材の端面は，主としてダレ，せん断面，破断面の三つの領域からなる。金属板のせん断加工においては，適切なクリアランスの設定，シャープなせん断面を得るための精密せん断（**ファインブランキング**），せん断加工後の表面を削り落とす**シェービング加工**など，さまざまな工夫が行われている。

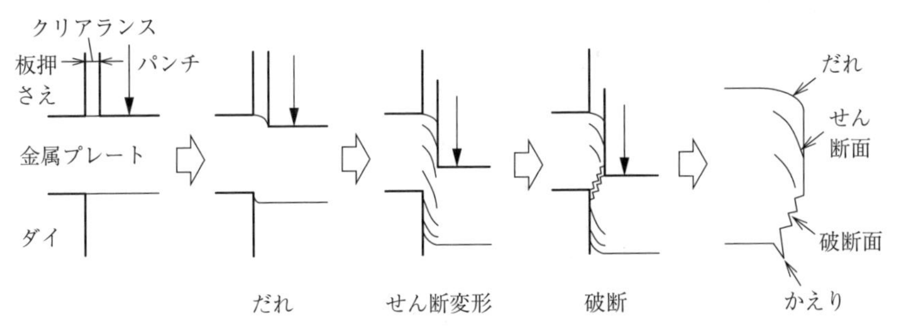

図 9.9 金属プレートのせん断加工

9.2.2 CFRTPのせん断加工

それでは，積層したCFRTPプレートにせん断加工すると，どのように切断されるだろうか。一方向炭素繊維プレート（UDシート12層の積層板）に対して**図9.10**のようなせん断加工を行った[3]。CFRTPプレートの厚さは1.9 mmで，切断線に対して垂直な方向（0°方向）の繊維シートが第1層，切断線に平行な繊維（90°方向）が第2層というように，交互に12層を圧着したプレートを切断対象とした。パンチの刃先角度は90°，パンチとダイとのクリアランスcは0.2 mmとしている。

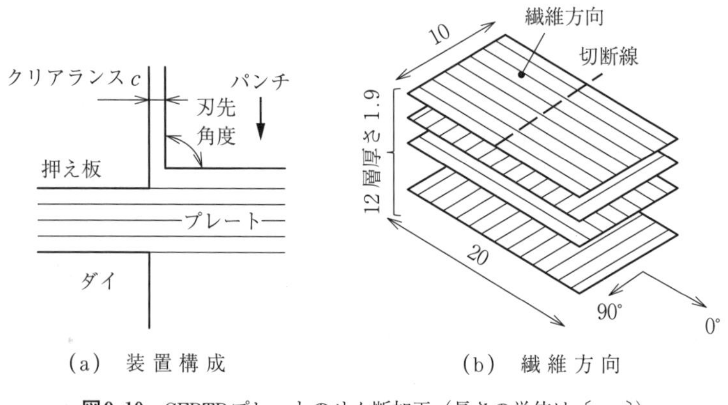

(a) 装置構成　(b) 繊維方向

図9.10 CFRTPプレートのせん断加工（長さの単位は〔mm〕）

切断過程を側面から撮影した写真を**図9.11**に示す。パンチの押込みによって固定側のパンチ近傍も引きずられてダレが生じるが（図(a)），その後炭素繊維の層の切断が始まり（図(b)），上部から3層ぐらいまで切断される（図(c)）。このとき，カットされた側では，上から3層分がパンチ直下部分に残って圧縮されている。その後，一挙に破断が生じている（図(d)）。破断の際は，固定側の残った層内の炭素繊維が引っ張られてちぎれ，破断面は，切断線より固定側の内部までくぼんでいる。

せん断後の切断面を横から観察したのが**図9.12**である。固定側上部のせん断面の方向は板の上面と垂直ではなく，斜めになっている。板がパンチによって曲げられた状態で切断されていったことがわかる。その下の破断面では，切

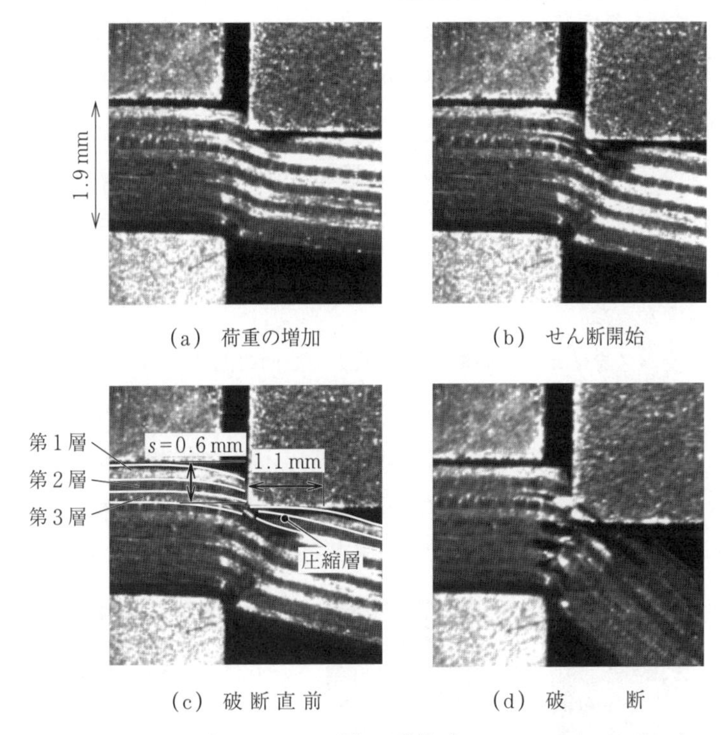

図 9.11　CFRTP プレートのせん断加工過程（クリアランス $c = 0.2$ mm）

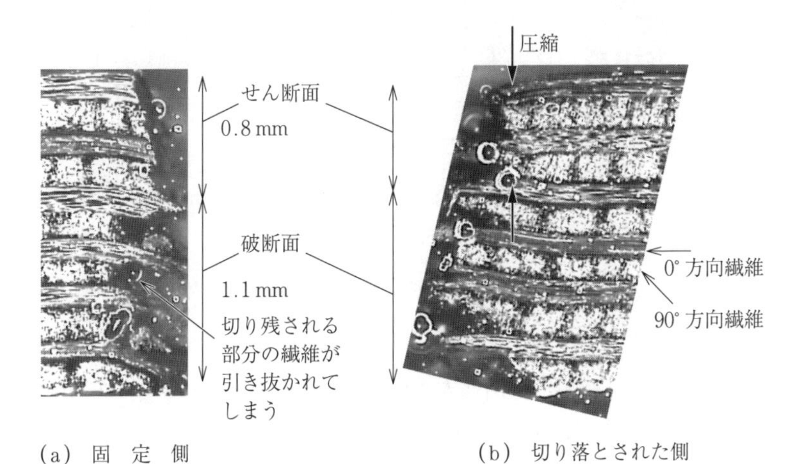

図 9.12　CFRTP プレートのせん断加工後の断面

断線に垂直な方向（0° 方向）の繊維が引きちぎられ，切断線と同じ方向（90° 方向）の繊維の層は，固定側内部で分離して，切り落とされた側に持っていかれている。

このように，CFRTP プレートのせん断加工では，せん断面の割合が金属プレートのせん断加工と比べて小さく，破断面における凹凸が大きいことがわかる。せん断速度を 1 mm/s から 2 758 mm/s まで変化させても，切断面に大きな変化はなかった。

クリアランスを変えて，破断面の領域や破断面の凹凸を小さくできるかどうか調べたのが**図 9.13** である。クリアランスを 0 mm，0.1 mm，0.2 mm と変えてもせん断面と破断面の割合は変わっていない。破断面における凹凸はクリアランスを小さくするほど小さくなっているが，クリアランス 0 mm の場合においても破断面は切断線よりも固定部内側まで食い込んでいる。

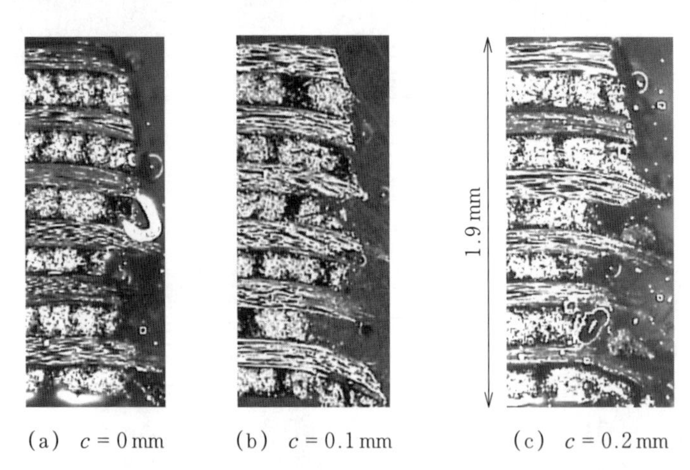

図 9.13　クリアランス c の違いによる切断面の違い

パンチの刃先角を 30° までとがらせると，**図 9.14** に示すように，せん断面の領域が長くなり，破断面の凹凸も小さくなることがわかる。その理由はおそらく，刃先角度が 90° のときには刃の直下に切り取られた材料が圧縮されて滞留していたが，その部分が刃の外側に排除されたからだと考えられる。今後，刃の耐摩耗性を上げることが課題となるであろう。

(a) せん断過程

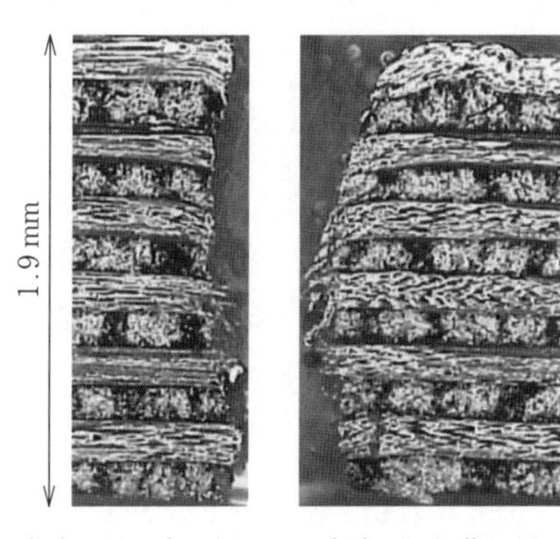

(i) 固 定 側　(ii) 切り落し側

(b) せん断加工後の切断面

図 9.14 刃先角度を 30° にしたときの切断面の変化

9.2.3 CFRTP のせん断–シェービングパンチによる切断

金沢大学立野大地らが考案したせん断＋シェービングを 1 工程で行う切断方法を紹介する。**シェービング**とは，切断面の端をもう一度パンチで削り落として，平滑な切断面を得る方法である。CFRTP においても，切断後の凹凸のある面をシェービングすると平滑な面が得られることが知られている[4]。通常，せん断とシェービングは別工程になるが，1 工程で行うことができれば，せん断加工でシェービング加工面が得られることになる。そこで，**図 9.15** のような工具でせん断とシェービングを 1 工程で行うようにしたものである[5]。この

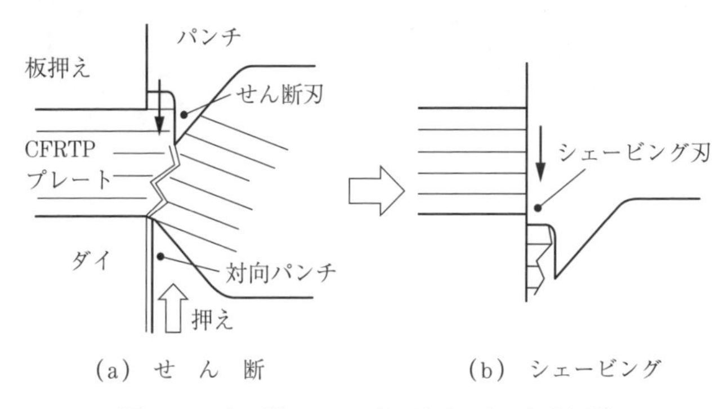

(a) せ ん 断　(b) シェービング

図 9.15 せん断–シェービングパンチによる切断

パンチをここでは**せん断-シェービングパンチ**と呼ぶ。せん断を行う刃先の内側（ダイに近い側）にシェービングを行う刃が付いている。はじめにせん断刃でせん断を行うときは，板の下側で対向パンチがダイから突き出た部分（シェービング刃の厚み分）を支える。その後さらにパンチを下ろしていくと，対向パンチは下がり，シェービング刃の部分がダイから突き出した部分を削り落としていく。はじめにせん断刃がダイより少し突き出た部分で切断を行うのは，固定側内部まで食い込む破断面をダイの内側まで達しないようにするためである。そうすれば，シェービングしたときに，くぼみが切断面に残ることがない。切落し側にせん断刃で落とした部分とシェービングで落とした部分が残るが，母材の切断面はきれいに仕上がることになる。

せん断-シェービングパンチによってせん断加工した切断面を**図 9.16** に示す。切断面全体がきれいなせん断面となっており，切断線より内部までえぐれることもなくなっている。このようにせん断とシェービングを1工程で行うパンチによって，平滑な切断面を得ることができることがわかった。

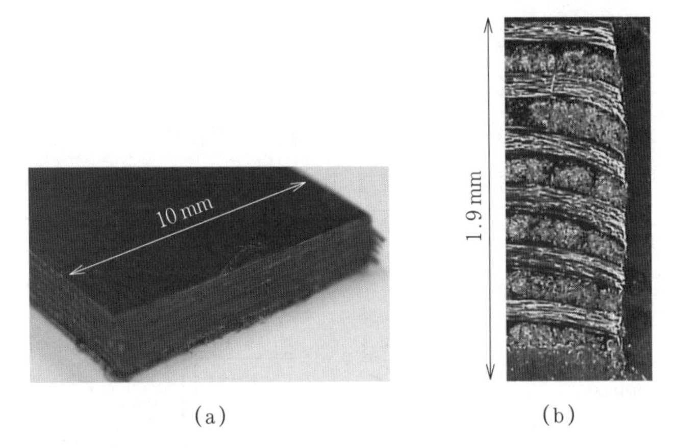

図 9.16　せん断-シェービングパンチによる切断面

以上のように，CFRTPプレートのせん断加工においては，金属板材のせん断加工よりも破断面の凹凸が大きくなるが，パンチの工夫などにより，良好なせん断面をもつ切断面を得ることが可能である。この例のように，今後も引き続き CFRTP プレートのせん断加工技術が拡充されることを期待したい。

9.3 CFRTP の 接 合

CFRTP プレートの**接合**について解説する。CFRTP は，炭素繊維束の隙間に熱可塑性樹脂をしみ込ませたものであり，熱可塑性樹脂は加熱すれば溶融し冷却すれば固化するので，CFRTP プレートの接合面を加熱して熱可塑性樹脂を溶融させれば，接合させることができる。接着剤は必要ない。プレス成形してでき上がった CFRTP の成形品どうしを再度加熱して変形させたり，接合したりすることができるのが，熱硬化性 CFRP と比べた熱可塑性 CFRP（CFRTP）の大きなメリットである。しかし，その接合部は樹脂の強度しか出ないため，接合界面を樹脂の強度以上に上げるためには，なんらかの工夫が必要である。その試みについても紹介する。

9.3.1 CFRTP の接合方法

CFRTP 自体が UD シートや織物繊維シートを重ねて圧着したものである。したがって，各層の間をつないでいるものは熱可塑性樹脂であり，層間の強度は樹脂材の強度しかない。不連続繊維を用いる場合も，UD カット材を分散させたプレートであれば，UD カット片はほぼ平面的に積み重なっていて厚さ方向には繊維が配向していないため，やはり厚さ方向の強度は樹脂の強度になる。不連続繊維でも不織布の場合は綿のように繊維が絡まっているので，板厚方向にも繊維が向いている。しかし，不織布では，繊維が直線状態になっていないので，剛性が低く，また加熱しても繊維が絡まっているので，いろいろな形に変形させるのは難しい。

このような状況の中で，CFRTP プレートの接合としてまず考えられるのは，CFRTP プレートの表面どうしを接触させて，その接触界面の樹脂を溶融させて圧着接合させることである。

接触界面の樹脂を溶融させる方法としては，まず接合部を加熱して樹脂を溶融させる方法がある。また接合界面の樹脂だけを溶融させる方法として，超音波を利用する方法がある。本書では，最も一般的な方法として，ヒータを用いて接合部を加熱して樹脂を溶融させ，加圧して接合させる方法について説明する。

9.3.2　加熱接合における課題

加熱接合における第一の課題は，接合界面の樹脂がよく交じり合うようにすることである。**図9.17**に示すように，CFRTPプレートの接合部を加熱してただ重ねただけでは（図(a)），表面の樹脂が接触しているだけで（図(b)），樹

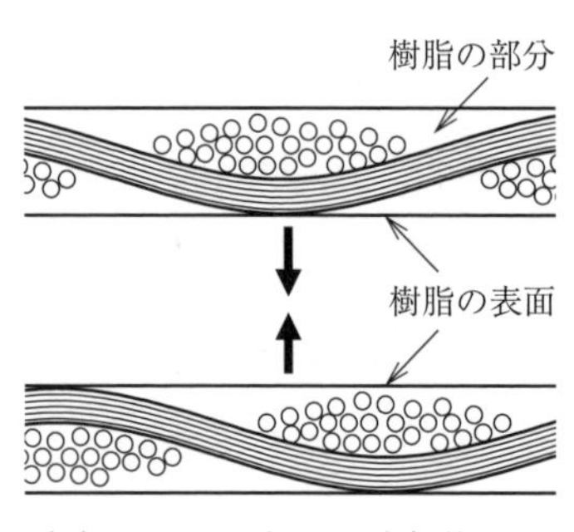

(a)　CFRTPプレートを加熱して合わせる

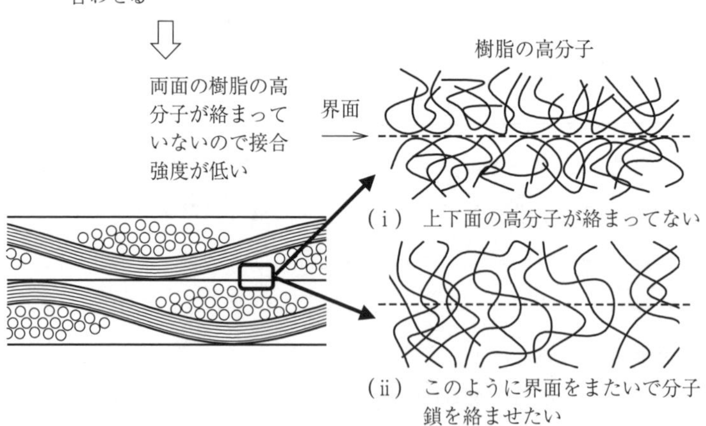

(b)　単に合わせただけでは樹脂が混ざらない　　(c)　樹脂の界面をミクロに見る

図9.17　CFRTPプレートの接合における樹脂の界面

脂の高分子をミクロに見ると，高分子どうしが絡まっていない（図(c)(i)）。熱可塑性樹脂はそもそも高分子どうしが化学結合していなくて，高分子どうしが絡まって固体となっているものなので，接合面においてもそのような高分子どうしの絡まり合いをつくりたい（図(c)(ii)）。射出成形においても溶融樹脂が合流したところは，**ウェルド**といって，樹脂が絡まっていないので強度が低い。そこで射出成形では，合流するところの金型温度を上げて溶融した樹脂がよく交じり合うようにしたり，いったん合流した部分をさらに別の所へ流動させるように流れをつくったりしている。加熱圧着の場合，この溶融接合部に適切な圧力をかけて高分子の交じり合いを促進しながら冷却して接合することが必要である。

加熱圧着接合のプロセスは基本的に**図 9.18** のようになる。CFRTP プレートの接合部を重ねて加熱し，樹脂を溶融させ，接合部に空隙が残らないように加圧する（図(a)）。さらに加圧をつづけながら溶融した樹脂を冷却させる（図(b)）。樹脂の冷却過程で，樹脂の固化過程に合わせて加圧の圧力を増加させていくことが望ましい。なぜなら，溶融した樹脂の粘度が低いうちに高い圧力をかけると，樹脂が外へ流出して抜けてしまうからである。一方，冷却されて樹脂がだんだん固化してくると，樹脂が変形しにくくなってくるので，加圧力を上げて，接合部がよくつぶれて接合強度が上がるようにする必要がある。

ここでもう一つ課題が生じる。それは，加熱して溶融した樹脂を加圧しながら冷却して接合部ができるのだが，**図 9.19**(a)に示すように，その接合部の

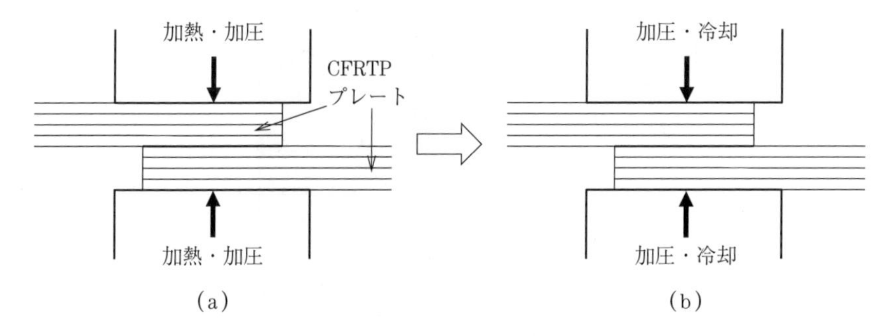

図 9.18 加熱圧着接合の基本プロセス

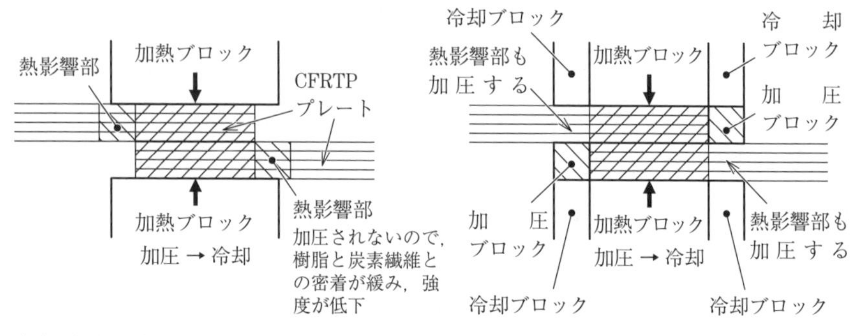

(a) 加熱圧着時の熱影響部の強度低下　(b) 加熱圧着時の熱影響部の強度低下を防ぐ方法の例

図 9.19　CFRTP プレート加熱圧着時の熱影響部強度低下と対策の例

外側の加圧されていない CFRTP 材も熱影響を受けるので，樹脂が軟化して炭素繊維との密着性が緩んでしまい，強度が下がってしまう点である。この熱影響部の強度低下を防ぐための対策としては，例えば図(b)に示すように，熱影響部も加圧ブロックなどを用いて圧着時に圧力がかかるようにする，などが考えられる。

実際に織物 CFRTP プレートどうしを加熱圧着接合し，接合部の断面を観察した例を**図 9.20** に示す。接合界面はプレート内部の層間樹脂と同じになって

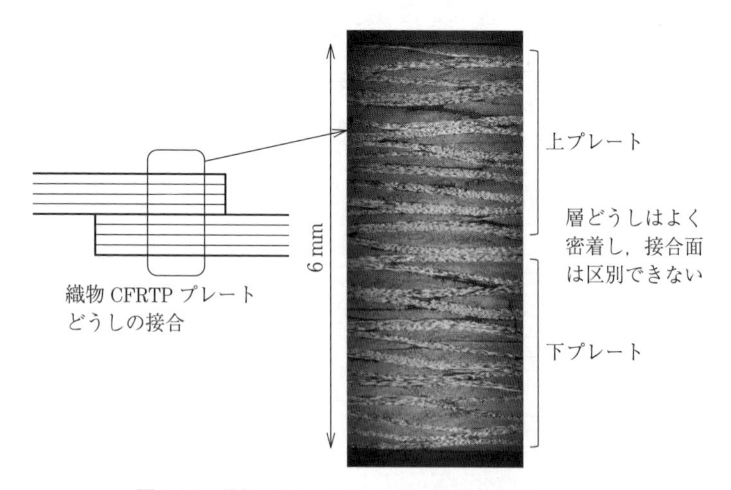

図 9.20　織物 CFRTP プレートの接合部断面

おり，接合面の区別は付かない。

9.3.3 接合部の強度と接合長さの設計

接合部の強度を測る方法として，**図 9.21** のような**引張せん断試験**が行われる。接合部を有する引張試験片を引っ張って，最大引張荷重 F を求める。この引張荷重を接合面積 A で割って，**最大せん断応力** τ を求める。CFRTP の熱可塑性樹脂が PA6（ナイロン 6）のとき，われわれが接合した場合の最大せん断応力は 25～30 MPa である。

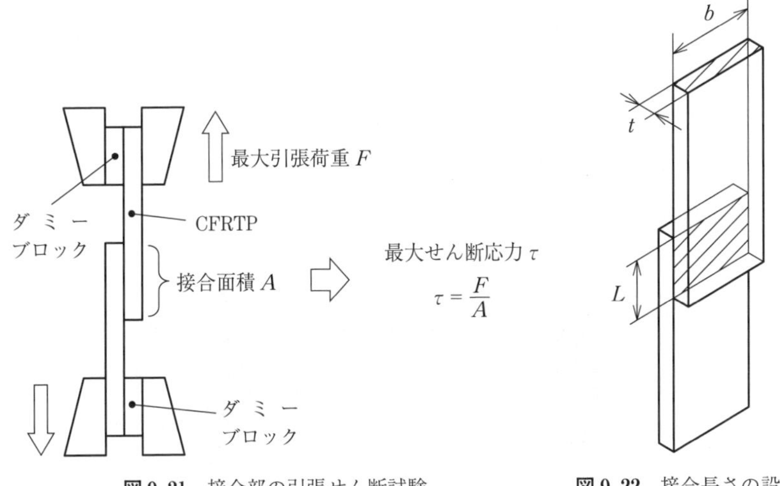

図 9.21　接合部の引張せん断試験　　**図 9.22**　接合長さの設計

接合部の最大せん断応力から**接合長さ**を設計するには，接合部のせん断強さが母材プレートの引張強さと同程度以上になるようにすればよいだろう。母材の引張強さを σ〔MPa〕，接合部の最大せん断応力（せん断強さ）を τ〔MPa〕とし，**図 9.22** のように，母材と接合部の幅を b〔mm〕，母材の厚さを t〔mm〕，接合長さを L〔mm〕とすれば

母材引張強さから求められる最大引張荷重　σbt

接合部のせん断強さから求められる最大引張荷重　τbL

これより

$$\tau bL \geqq \sigma bt \tag{9.1}$$

よって，接合長さ L は

$$L \geqq \frac{\sigma t}{\tau} \tag{9.2}$$

とすればよいことになる。例えば，CFRTP プレートの引張強さが 600 MPa で，厚さが 2 mm の場合，接合部のせん断強さが 30 MPa であれば，接合部長さは 40 mm 以上となる。

9.3.4 接 合 の 例

実際に CFRTP の成形品どうしを加熱圧着接合した例を**図 9.23** に示す。断面が U 字形の CFRTP プレス成形品のフランジ部どうしを接合した例である。フランジ部をヒータ入りの銅金型で加熱した後，プレスで加圧・冷却した。このときビームの側面が変形しないように，ビーム側面の内面側と外面側をサポートする治具をセットした。

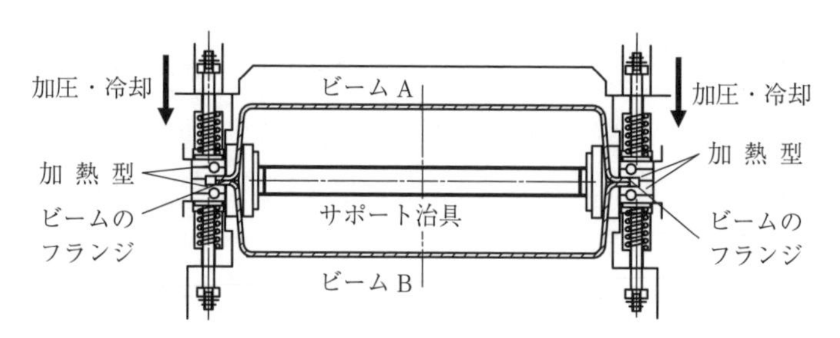

(a) フランジ部どうしを接合する金型

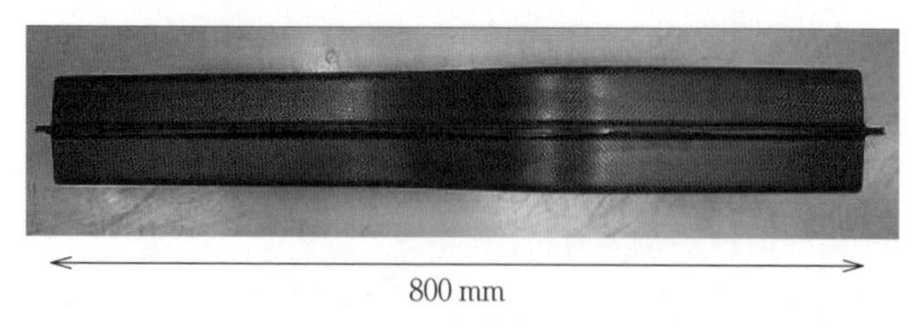

(b) 接合してできた閉断面ビーム

図 9.23 CFRTP 成形品のフランジ部どうしの接合

9.3.5 接合強度を上げる試み

これまで述べてきた接合法では，接合界面のせん断強度は，樹脂材料のせん断強度が限度である。炭素繊維自体の強度は樹脂よりはるかに高いため，接合面の強度をさらに上げる方法について，さまざまな試みがある。もともと母材のプレートがCFRTPシートを積層しているので，厚み方向の強度も樹脂の強度しかないため，厚み方向の強度を上げられないかということも課題である。ここでは，筆者らが試みてきた方法について述べる。

まず，**図9.24**(a)は接合界面に不連続繊維プレートを挟んで加熱圧着する方法の説明図である。不連続繊維プレートは一方向繊維CFRTPシート（UDシート）を繊維長2mm，幅2mmに切り出したものを用いて，繊維方向をランダムに配置してプレスしたプレートである。図(b)に示すように，接合後の接合面の断面を観察すると，上プレートと下プレート（ともに織物繊維）の間に繊維の密度が高く，いろいろな方向のUD繊維断面が見える。この接合材を引張せん断試験したところ，不連続繊維材を挟まないで接合したものよりも高いせん断強度が得られた。

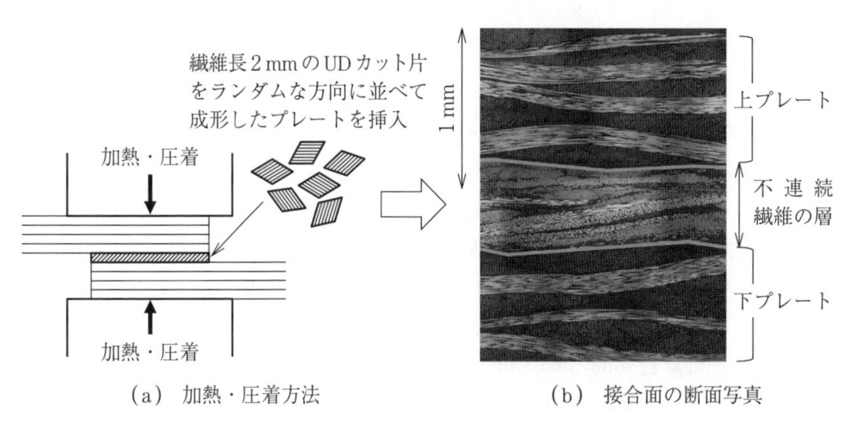

(a) 加熱・圧着方法　　(b) 接合面の断面写真

図9.24 接合界面に不連続繊維CFRTPを挿入

接合界面に垂直な方向の炭素繊維材料を埋め込むことをねらって，あらかじめ織物CFRTPプレートの接合部にプレートと垂直な方向の穴をあけておき，接合界面に不連続繊維CFRTPを挟んで加熱圧着させ，プレートの穴に不連続繊維材が流入するようにしたのが**図 9.25**(a)である[6)]。図(b)の接合面断面写真を見ると，加熱圧着の過程で上プレートと下プレートの穴の位置が少しずれてしまっているが，接合界面にあった不連続繊維が穴の中に流入し，その繊維方向が板厚の方向に向いていることがわかる。繊維の積層面に直交する繊維を入れることは，接合面の強度向上や積層プレートの板厚方向の強度向上につながるものと考えている。

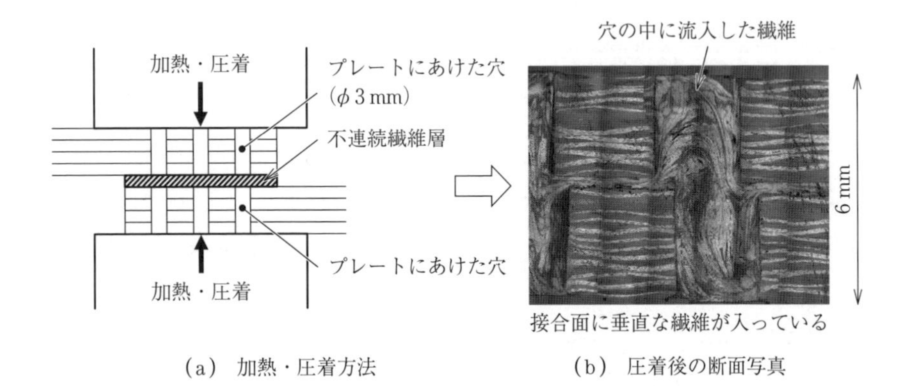

(a)　加熱・圧着方法　　　(b)　圧着後の断面写真

図 9.25　プレートの接合領域に穴をあけ，接合面には不連続繊維 CFRTP を挿入して加熱圧着したもの

引用・参考文献

1) D. Tatsuno, T. Yoneyama and T. Matsumoto：Local heat clamp bending of CFRTP sheet, Int. J. Advanced Manufacturing Technology, **111**, pp.1517–1533 (2020)
2) 清水慶之，米山　猛，立野大地，小林靖弘，小林泰典，川縁周平：プレスブレーキを用いた熱可塑性 CFRTP の曲げ成形，2021 年度塑性加工春季講演会講演論文集，pp.1203–1204 (2021)
3) D. Tatsuno, T. Yoneyama and M. Ibuki：Effect of process parameters of shear cutting for thermoplastic CFRTP laminate, Int. J. Advanced Manufacturing Technology, **110**, pp.1125–1138 (2020)
4) 古閑伸裕，霍　舒楊：炭素繊維強化熱可塑性プラスチック板の精密穴あけ加工，塑性と加工，**57**，666，pp.655–659 (2016)
5) 立野大地，米山　猛，横井直樹：2 段工具を用いた熱可塑性 CFRP のトリミン

グ，2021年塑性加工春季講演会講演論文集，pp.216-217（2021）

6) D. Tatsuno, R. Tanaka and T. Yoneyama：Through-thickness fiber formation integrated into CFRTP laminate welding method, J. Materials Engineering and Performance, **31**, pp.9615-9629（2022）

10 CFRTP 塑性加工の応用技術

10.1　CFRTP の組紐プレス成形

パイプはさまざまな用途に使われている。支柱などの強度部品としてのパイプは，中空構造であることによって，同じ断面積の中実棒（ちゅうじつぼう）よりも軽量でかつ剛性の高い部材として活用される。また水道管や油の配管，ガスの配管などにパイプが使われる。金属パイプのつくり方は多様である。直径の大きなパイプにはUO管，スパイラル管などがあり，継目のないパイプとしてマンドレルミル圧延によるパイプなどがある。小径のパイプには溶接継目鋼管の他，マンネスマンミルによる継目なしパイプ（シームレスパイプ）がある。

パイプはストレートのまま使われる場合もあるが，曲げ加工を経て使われることも多い。パイプをどう曲げるかという課題は，塑性加工分野でずっと追究されているテーマである。

CFRP パイプを，金属パイプと同じように活用できれば，CFRP 活用の世界が大きく広がるはずである。CFRP のパイプとしてまず思い浮かぶのは，ゴルフシャフトなどスポーツ用品かもしれない。また，水素タンクなども思い浮かぶかもしれない。従来の熱硬化性 CFRP の場合，炭素繊維のみをパイプ状に巻き，その後エポキシ樹脂などをしみ込ませて加熱硬化させて製作する。非常に軽量で強度のあるシャフトや胴体をつくることができるが，熱硬化性 CFRP なので，加熱して変形させるなどの追加工はできない。

本章は，CFRTP を用いて，パイプを製作する一方法として組紐プレス成形を紹介し，CFRTP パイプの将来性について述べる。「組紐プレス成形」とは，筆者らが開発した成形法の呼び名（造語）である。組紐によりパイプを作製し，できたパイプを加熱し，プレスで加圧冷却して樹脂を固化させて CFRTP パイプを製作する一連の工程を，このように呼んでいる。

10.1.1 組 紐 と は

組紐（くみひも）とは，靴紐などのような編物チューブをつくる繊維技術である。糸を交差させながらチューブをつくっていく。組紐機械として，**図 10.1** のような**ブレーディングマシン**がある。糸のスピンドルが円周状に並んでおり，1 個おきに右回りするスピンドルと左回りするスピンドルから構成されている。右回りのスピンドルと左回りのスピンドルは，相互に交差しながら回っていく。スピンドルから供給される糸をマンドレル（中心軸体）に巻き付けていく。このマンドレルを徐々に引き抜いていき，**図 10.2** に示す組紐構造の長いチューブをつくっていくものである。ブレーディングマシンは，とてもうまくできている。右旋回するスピンドルと左旋回するスピンドルが交差しながら

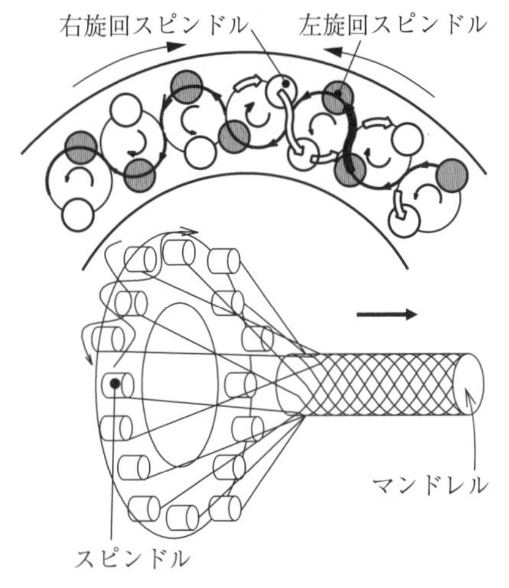

(a) 原 理 図

(b) 写 真

図10.1 組紐機械（ブレーディングマシン）

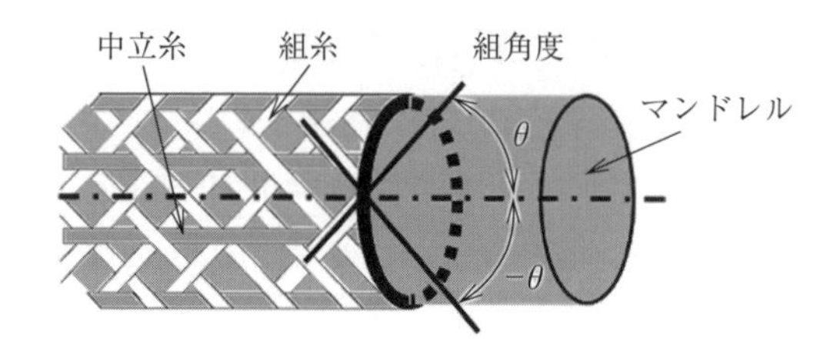

図10.2　組紐構造

動いていく様子はとても面白い。さらに交差する糸の間にまっすぐ軸方向の繊維を通すことができる。これを中立糸と呼んでいる。中立糸を入れたところでは繊維は三方向に交差する。この中立糸を入れる本数はいろいろに変えることができる。中立糸を入れる理由は軸方向の強度を上げるためである。

引き抜くマンドレルを，ストレートの丸棒でなく，途中で直径を太くした棒にすれば，途中で太さが変化するパイプを作製することもできる。またマンドレルは丸棒でなくても角棒でもよい。糸を巻くことができる形になっていればよいのである。また引き抜くマンドレルをまっすぐ引くのではなく，曲線状に引いていけば，曲がったパイプをつくっていくことも可能である。ただし，パイプを作製したのち，マンドレルを抜くことを考えておく必要がある。

さらにこのスピンドルの動きを単純に円周方向だけでなく，対角方向などに動かすこともできる機械を用いると，隔壁のあるパイプなども製作できるが，ここでは中空円管をつくるブレーディングマシンに焦点を絞って話を進める。

10.1.2 「組紐プレス成形」とは

熱硬化性 CFRP の場合，炭素繊維をブレーディングマシンで編んで，その後エポキシ樹脂を含浸させればよいが，熱可塑性樹脂の場合は，樹脂を加熱しても粘度が高いので，繊維だけを編んだ後に樹脂をしみ込ませることは容易ではない。そこで，すでに熱可塑性樹脂を含浸させた一方向繊維テープ（UD テープ）を使って組紐でパイプをつくってみる。その後，このパイプを加熱して樹脂を溶融させ，圧力をかけながら冷却すれば，固化したパイプを得ることができる。この工程が「プレス成形」である。この「組紐工程」と「プレス成形」をつなげた加工を**組紐プレス成形**と呼んでいる[1)]。

10.1.3　組紐プレス成形の詳細

まず組紐の工程であるが，CFRTP の組紐では，幅 5 mm 程度の UD テープを用いる。あまり幅が広いとパイプの円筒曲面に対して網目が粗くなる。逆に幅を狭くすると，密に組むことができるが，ブレーディングマシンに付けるボビンの数が多くなる。実際，図 10.1 に示したマシンでは，ボビンの数は右回り，左回りそれぞれ 24 本である。マンドレルに巻き付けられるテープの角度（組角度）は，マンドレルの送り速度とボビンの旋回速度との関係で決まってくる。

組紐している状況を**図 10.3** に示す。マンドレルは，シリコンゴムチューブの中に塩ビパイプを挿入したものを使用している。組紐の 1 回の工程でできる組紐チューブは，UD テープを編んだ 1 層のみのパイプである（図 (a)）。UD テープの厚さは 0.05 mm なので，1 回組紐をかけただけでは，3 本が重なったところで厚さ 0.15 mm 程度にしかならない。肉厚 1 mm のパイプをつくるためには，図 (b) のように組紐を行ったパイプの外側に再び組紐をかける。これを繰り返して，所望の厚さまで積層する。

(a)　第 1 層目の組紐

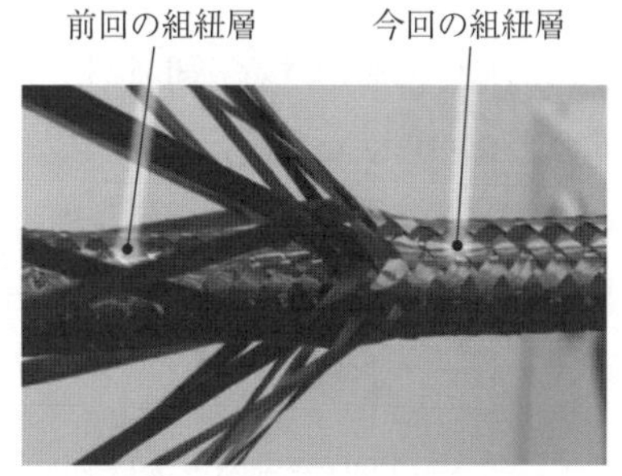

(b)　重ねていく組紐

図 10.3　組紐のプロセス

こうしてできた**組紐パイプ**を**図 10.4** に示す。まだ樹脂を溶融して固めていないので，柔軟なパイプである。組紐テープの幅が 5 mm，中立テープの幅が 7 mm で，組紐テープの本数は 8 本 × 2，中立テープの本数 8 本，**組角度**は 60°，

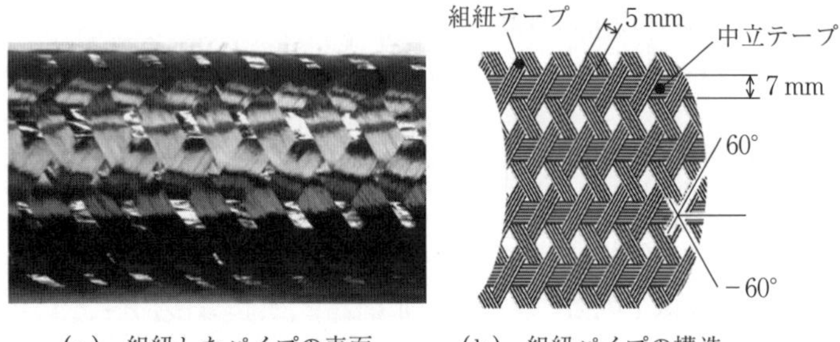

(a) 組紐したパイプの表面　　(b) 組紐パイプの構造

図 10.4　組紐したパイプの様子

10 層で外径が 31 mm となっている。

つぎは，製作したパイプへのプレス成形（**図 10.5**）である。組紐した CFRTP パイプ内部のシリコンゴムチューブから塩ビパイプを抜き取り，塩ビパイプの代わりにシリコンゴムロッドを挿入する。この組紐パイプを半割の金属パイプ金型（内面を仕上げたもの）で挟み，金属パイプ金型の外側にヒータを付けて加熱し，UD テープの熱可塑性樹脂（ここでは PA6）を溶融させる。樹脂が溶融したら，中心のシリコンゴムロッドを両端からプレスで加圧する。シリコンゴムロッドは圧縮されると直径が膨らみ，シリコンゴムチューブそして組紐パイプの内面に圧力をかける。組紐パイプの外面は金属パイプ金型の内面に押し付けられてなめらかな表面となり，ヒータの加熱を切って冷却すれば，組紐パイプに内圧がかかったままの状態で樹脂が冷却されて固化する。組紐パイプの内面はシリコンゴムで加圧しているので，織物繊維の凹凸が残るが，外径側の表面はなめらかである。

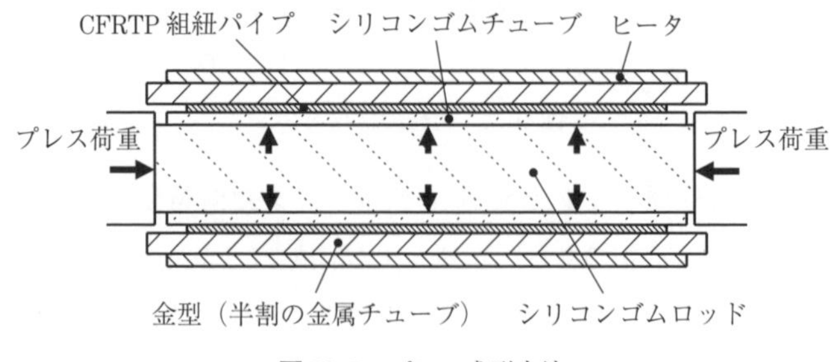

図 10.5　プレス成形方法

プレス成形後の組紐パイプを**図 10.6** に示す。全長 500 mm，外径 31 mm，内径 29 mm である。金型を半割にした隙間にパイプの最外層がバリとしてはみ出したが，その後，金型を工夫し，現在はバリが出ないようになっている。

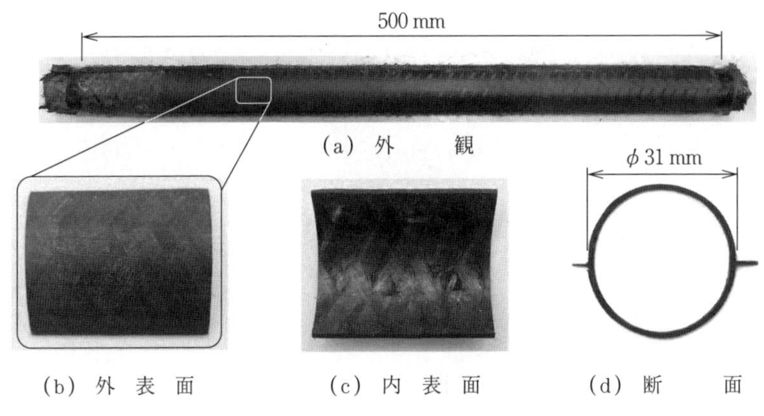

(a) 外　観

(b) 外表面　(c) 内表面　(d) 断　面

図 10.6　プレス成形後の組紐パイプ

10.1.4　CFRTP パイプの強度

まずこの組紐 CFRTP パイプの強度についてだが，**図 10.7**(a) のような 4 点曲げ試験を行ったところ，曲げ強度は約 400 MPa であった（図 (b)）。プレス成形時にシリコンゴムロッドにかけた圧力が高いほど曲げ強度は高くなっている。4 点曲げ試験を行った理由は，3 点曲げ試験では，中心に最大応力が集中

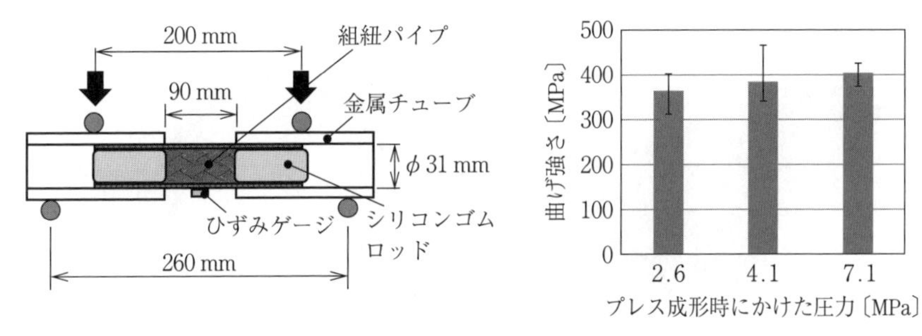

(a)　4 点曲げ試験方法　(b)　組紐パイプの曲げ試験結果

図 10.7　組紐パイプの 4 点曲げ試験

し，上からの加圧パンチ直下でパイプが座屈してしまうことが多かったからである。4 点曲げ試験の場合には，加圧点間のパイプに働く応力が一様になる。しかし，加圧点近傍においては応力集中による座屈が発生しやすいので，外側の金属チューブと内側のシリコンゴムロッドを用いて，加圧点部で座屈が起こらないように工夫して試験した。これとは別に，パイプ材の表面から曲げ試験片を切り出して試験した場合の強度は 900 MPa くらいあるが，パイプとしての曲げ強度は 400 MPa と低くなる理由は，曲げたときのパイプの引張り側（外側）で破断するのではなく，圧縮側（内側）で座屈や破断が起こるからである。CFRP の構造体において，圧縮応力が発生する部分の強度を上げることは大きな課題である。

10.1.5　CFRTP パイプの応用性

CFRTP は，加熱によって樹脂を溶融させることで変形でき，円筒パイプでも，加熱して別の断面形状に変えることができる。**図 10.8** (a), (b) は，外径

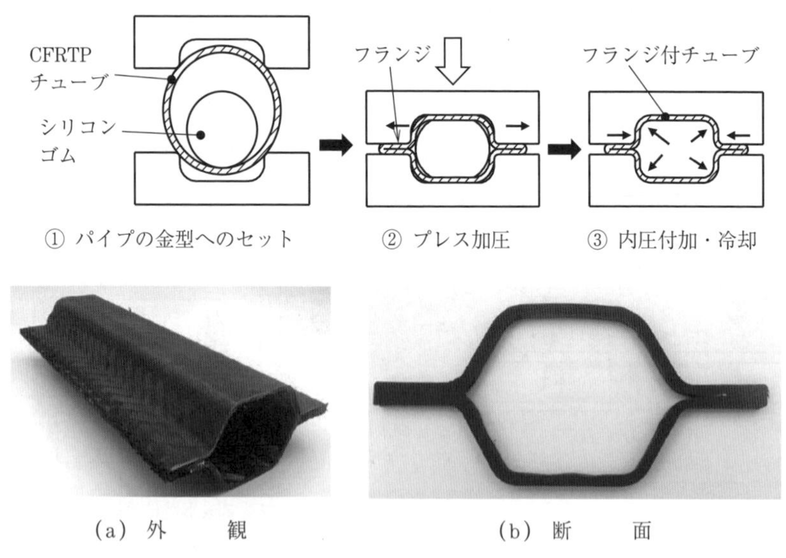

(a) 外　　観　　　(b) 断　　面

図 10.8　外径 77 mm，厚さ 3 mm の組紐パイプを再加工してフランジ付きのパイプにした例

77 mm，厚さ 3 mm の組紐プレス成形した円筒パイプを再度加熱し，金型で圧縮してフランジ付きの断面に変形させたもので，図①～③はその加工プロセスである。パイプにフランジを付けることによって，他の部材との接合がやりやすくなるので応用性が高い。

またパイプ端部を加熱して樹脂を溶融させ，端部に別部品を接合したり組み込んだりすることも可能である。一方，要望が多いのは，パイプの曲げ加工である。現在，CFRTP パイプの局部加熱曲げ加工の研究も進めている[2]。

10.2　CFRTP のテープ成形

3D プリンティングとか，**積層造形法**，**付加製造法**（additive manufacturing）といった，付加加工による 3 次元造形技術が樹脂材料で一般に普及し，金属材料においても，レーザを用いて粉体を溶融積層造形する技術や，粉体を噴射しながらレーザで溶融付着させる技術，金属ワイヤを放電で溶融させながら付着造形する方法などの 3D プリンティング技術が進んでいる。

熱硬化性 CFRP では飛行機の翼などの作製方法として CFRP の**プリプレグ**（樹脂が半硬化の状態）**シート**を，ロボットアームを用いて何層も自動的に貼り付ける**テープ成形**（automatic fiber placement）が行われている。半硬化した熱硬化性樹脂を貼り付けるための温度は熱可塑性樹脂の溶融温度よりはかなり低いので，レーザによる加熱溶着も比較的容易である。熱硬化性 CFRP の場合は，積層したものを真空パックして加熱し，樹脂の架橋接合を進めて熱硬化させるのが一般的である。

一方で，**図 10.9** のように，熱可塑性 CFRP（CFRTP）テープをレーザ照射しながら自動的に貼り付ける装置も開発されている[3]。熱可塑性樹脂の溶融温度は，熱硬化性樹脂プリプレグの溶着温度より高い。レーザをテープと下地との境界部に照射して，双方の樹脂を溶融させ，ローラを用いて圧着・冷却させている。

筆者らは，CFRTP テープを加熱し，溶着させる**図 10.10** のような独自のテー

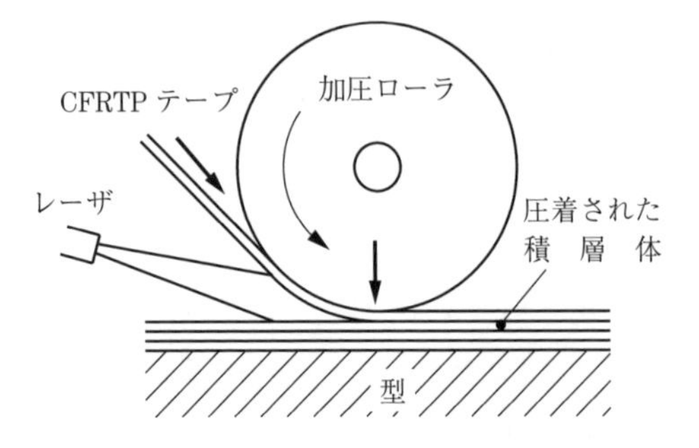

図 10.9　レーザ加熱による CFRTP テープ自動積層装置

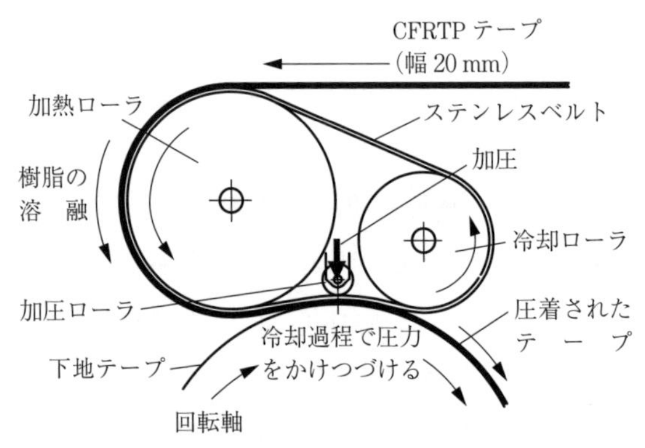

図 10.10　ベルト加圧式テープ成形法

プ成形法を開発している[4]。この特徴は，樹脂を加熱溶融させた CFRTP テープを，ベルトを介してローラで押し付けることである。ベルトで押し付けることで下地材との接触域を長くし，その過程で溶融状態の樹脂が冷却固化するまでの過程で圧力を付加して，しっかりした圧着をつくることを考えたものである。

一方向（UD）繊維の CFRTP テープがベルトの上に乗り，加熱ローラ上を通過する間に CFRTP 内の樹脂が加熱溶融され，そのままベルトに貼り付いた状態で下地材と接触する。中央の加圧ローラで下地材に押し付けられた後，冷却され，CFRTP テープは下地材に貼り付いてベルトから離れる。一方，ベルトは冷却ローラへと巻かれて戻るという流れである。このテープ成形装置をロボットハンドに付け，**図 10.11** のように回転円筒上にらせん状にテープを貼り付けることで，チューブを成形することができる。右らせん方向に巻いた後，

図10.11　ベルト加圧式テープ成形によるパイプ作製

左らせん方向で戻るようにすれば，ねじり剛性の高いチューブをつくることができる。円筒軸方向にもテープを貼れば，曲げ強度が向上する。またさまざまな断面形状の軸体に巻き付けていけば，いろいろな形の中空材を製作することができる。さらに，中空材にかぎらず，ロボットアームで内壁面にテープを貼っていくようなイメージで，大きな構造物の内面や外面上を物体形状に沿って動かすことで，さまざまな立体構造の造形へと展開することができると考えている。

10.3　CFRTPの3Dプリンティング

樹脂フィラメント（樹脂の細い線）を溶融して付着させ，断面形状を何層も積み上げて立体造形していく**3Dプリンティング**が広く普及している。CFRTPでも，3Dプリンティングのための装置を考えることができる[5)]。ここで紹介する3Dプリンティングは，CFRTPテープの薄層を付加しながら各種の3次元形状を積み上げていく造形法である。

現状で市販されたり，開発されたりしているCFRTPの3Dプリンティングの方法は，つぎのような種類のものである。

(1)　短繊維の炭素繊維が入った樹脂フィラメントを溶着する（**図10.12**(a)）。

(2)　連続繊維を少量だけ樹脂フィラメントに混入したフィラメントを溶着する（図(b)）。

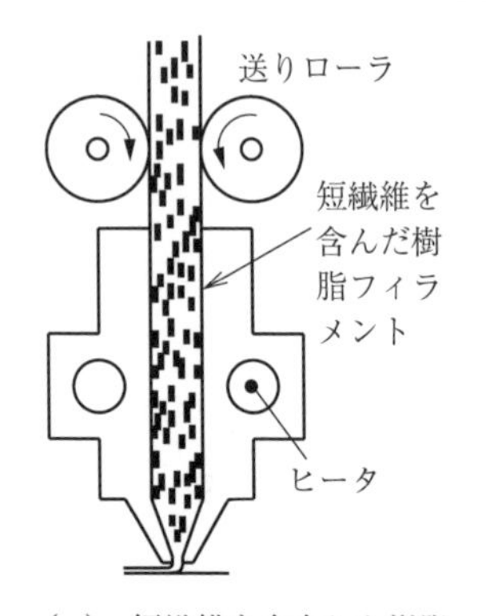

(a)　短繊維を含有した樹脂フィラメントによるプリンティング

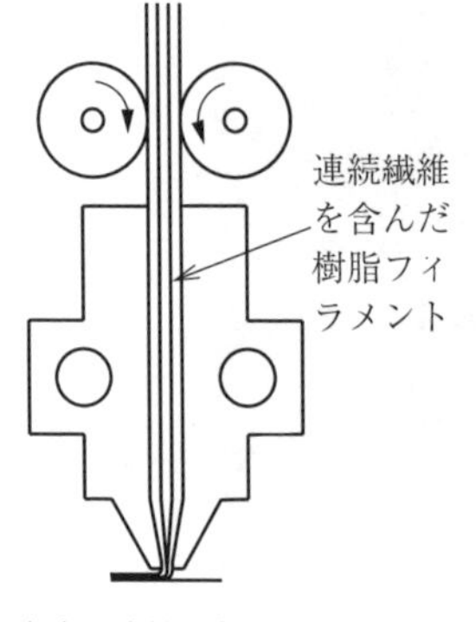

(b)　連続繊維を含有した樹脂フィラメントによるプリンティング

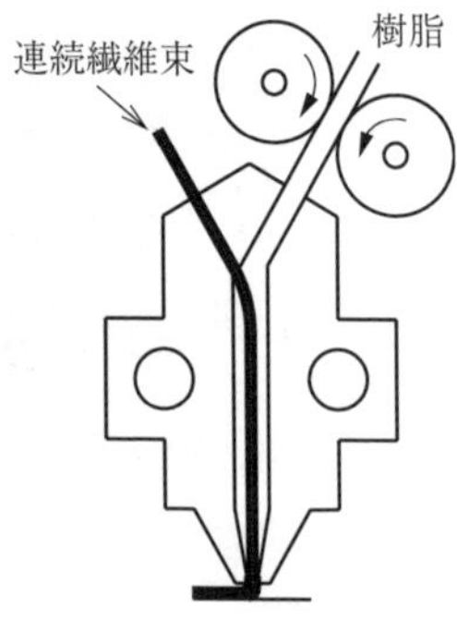

(c)　連続繊維に樹脂をノズル内で含浸させてプリンティング

図 10.12　現存の CFRTP 3D プリンティング

(3)　樹脂フィラメントをノズル内で溶融して炭素繊維束に含浸させ，プリントして溶着する（図(c)）。

短繊維を含んだ樹脂フィラメントによるプリンティングは繊維の長さが短いため，造形後の強度はあまり高くならない。連続繊維を含んだ樹脂フィラメントでは，連続繊維の体積割合が低いため，やはりあまり高い強度が得られない。連続繊維の体積割合を増やせない理由は，通常の太さの樹脂フィラメント（丸棒）の中に連続繊維を体積 50% も入れてしまうと，とても剛直な線になってしまって，フィラメントをリールに巻くこともできなくなってしまうからである。炭素繊維はそもそも圧縮には弱いので，丸線を常温で無理やり曲げると，圧縮側で破断してしまう。また樹脂の 3D プリンティングでは，溶融させた樹脂を非常に細いノズルの穴から押し出して下地材に貼り付けるが，炭素繊維は伸びて細くなることもできないので，ノズルヘッドに入った炭素繊維自体はそのままノズル穴から出ていくようにしかできない。連続繊維に溶融樹脂をノズル内で含浸させる方法については，熱可塑性樹脂を炭素繊維の束の隙間にしみ込ませていくことが難しく，ボイドが残りやすい。

これに対し，筆者らが取り組んでいる CFRTP の 3D プリンティングの方法は，**図 10.13** のようなものである[6)]。幅 0.6 mm，厚さ 0.18 mm の UD テープを

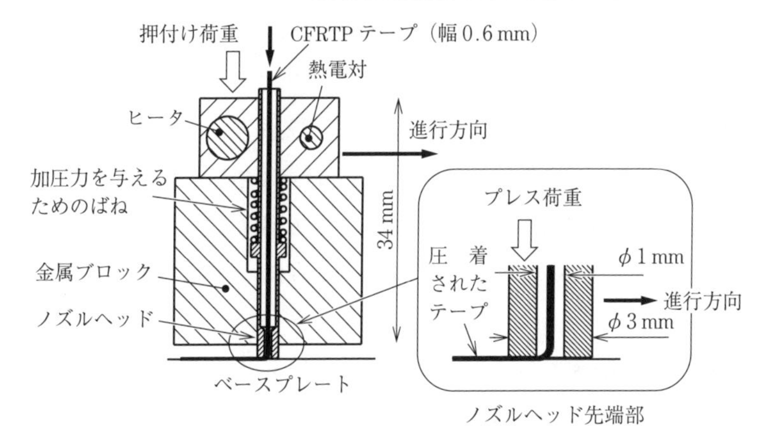

図 10.13　CFRTP テープによる 3D プリンティングのノズルヘッド

ノズルヘッドの中で加熱して樹脂を溶融させ，ノズル出口の端面でこのテープを加圧しながら下地材に溶着させる。この方法のメリットはつぎのようなものである。

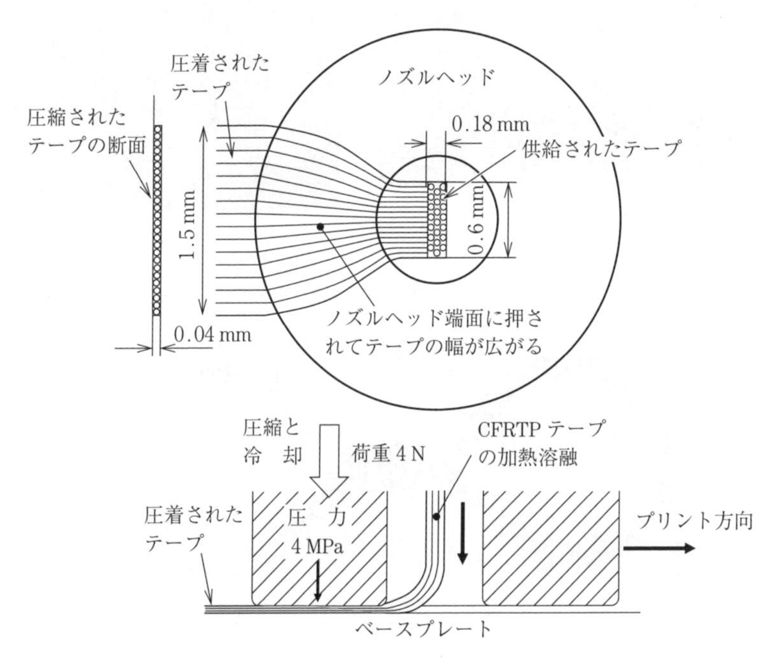

図 10.14　ノズルヘッドにおける圧着過程

① 炭素繊維の体積割合（Vf）が 50%と高い CFRTP を用いた 3D プリンティングである。

② Vf が高い CFRTP を用いるが，薄いテープを「フィラメント」として用いるため，テープを供給リールに巻いておくことができる。

③ 溶融した CFRTP テープをノズルヘッドの端面で加圧して圧着させるので，CFRTP テープがさらに薄くなるとともに，下地材にボイドなしで密着される。

ノズル内の樹脂溶融からノズルヘッド端面加圧による圧着の流れを示したのが，**図 10.14** である。CFRTP の樹脂が溶融状態から固化していく過程で圧力をかけつづけ，炭素繊維と樹脂との密着を保つことが強度の高い CFRTP をつくる基本だと考えている。ノズルヘッドに挿入されたテープは幅 0.6 mm，厚

(a)

(b)

図 10.15　積層圧着の様子（メガネ形行路）

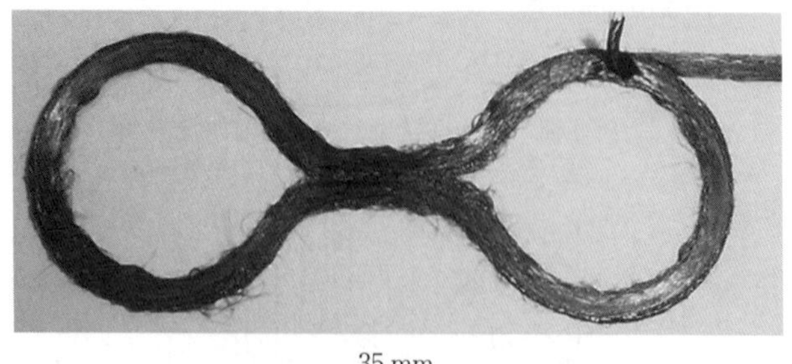

図 10.16　積層圧着した例

さ 0.18 mm であるが，ノズルヘッドで加圧されて幅 1.5 mm，厚さ 0.04 mm につぶされて圧着されている。これによってボイドが発生することなく積層される。

ノズルヘッドで加圧しながら，「メガネ形」の行路を積層しているときの様子を**図 10.15**(a)，(b) に示す。8 層まで積層造形したものを**図 10.16** に示す。

コラム 5

繊維機械

繊維機械の歴史は古い。機械の元祖といってよい。「ミシン」は英語では Sawing machine であるが，なぜミシンというようになったかというと，日本にミシンが導入されたとき，英語の machine が日本人には「ミシン」と聞こえたからである。つまり「ミシン」とは「マシン」のことなのである。このことは，繊維機械が機械の元祖であることを感じさせるものである。

イギリス産業革命の始まりは，綿工業における機械の発明からである。綿を紡ぐ機械から糸に撚(よ)りをかける機械，縦糸と横糸を織る機械までさまざまな機械が発明され，綿糸や綿織物の生産が人の手から離れて機械による生産に変わり，さらにワットの蒸気機関と結び付いて動力も人工的な動力に変わることによって，圧倒的に生産力が向上したのである。

繊維機械は，機械のメカニズムが集積したようなものであり，歯車やカム，リンク機構など，各種の機構がぎっしりと詰まっている。

まず短い繊維から糸をつくることを紡績と呼ぶ。綿であれば，綿花から綿の繊維を紡ぎ，櫛(くし)で伸ばすようにして方向をそろえて紐状にし，さらに撚りを与えて糸をつくる。この紡績工程の機械が紡績機である。ハーグリーブスのジェニー紡績機やアークライトの水力紡績機は，糸に撚りをかけてボビンに巻き取る工程を機械化したものである。

つぎに糸から布をつくる工程が織りであり，織る機械が織機である。織りの基本は長い縦糸（経糸）の間に，横糸（緯糸）を行ったり来たりしながら通していくことである。この横糸を通す道具として，巻いた横糸を木片（シャトル）の中に入れて飛ばしたのが，1733 年のジョン＝ケイの「飛び杼(ひ)」の発明である。現在，飛び杼を使わずに横糸をエアジェットで飛ばすものが「エアジェットルーム」，水ジェットで飛ばすものが「ウォータージェットルーム」と呼ばれている。ルーム（loom）とは織機のことである。

圧着条件をよく分析し，積層時にボイドのない緻密な圧着を実現することが重要である。

引用・参考文献

1) D. Tatsuno, T. Yoneyama, T. Kinari and Y. Taniichi：Braid–press forming for manufacturing thermoplastic CFRP tube, Int. J. Material Forming, **14**, issue4, pp.753–762（2021）
2) 米山　猛，立野大地，永井悠介：カット入り UD シートで成形した CFRTP パイプの曲げ加工，第 73 回塑性加工連合講演会講演論文集，pp.51–52（2022）
3) C.M. Stokes–Griffina, A. Kollmannsbergerb, P. Compstona and K. Drechsler：The effect of processing temperature on wedge peel strength of CF/PA6 laminates manufactured in a laser tape placement process, Composites Part A, **121**, pp.84–91（2019）
4) D. Tatsuno, T. Yoneyama, R. Satake and Y. Fujihira：Belt–Press Tape Forming of CFRTP, J. Materials Engineering and Performances, **30**, issue1, pp.357–366（2020）
5) L.G. Blok, M.L. Longana, H. Yu and B.K.S.Woods：An investigation into 3D printing of fibre reinforced thermoplastic composites, Additive Manufacturing, **22**, pp.176–186（2018）
6) 米山　猛，立野大地，山岸大輔，斎藤裕司：CFRTP テープを用いた 3D プリンティング，塑性と加工，**63**，739，pp.8–13（2022）

11 CFRTP の評価方法

11.1 概　　　要

強度を調べる方法としての曲げ試験，引張試験，構造強度試験を説明する。また材料の組織の状況を観察するための断面観察方法についても解説する。

成形品の評価には，成形品に求められる機能に合わせた強度評価試験が検討される。一方で，成形品各部の材料の強度評価の基礎試験として，成形品から試料を切り出して曲げ試験を行うことが多い。引張試験ではなく曲げ試験のほうがよく行われる第一の理由は，試験方法が容易だからである。**図 11.1** に示す 3 点曲げ試験であれば，二つの支点の上に板材を置き，真ん中を圧子で押して，破断するまでの力と変位を計測すればよい。

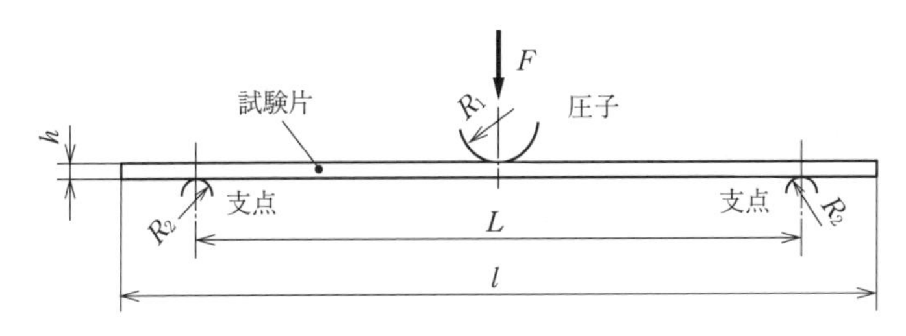

図 11.1　3 点曲げ試験の方法

引張試験の場合には，材料を挟んだチャックと材料とがずれない工夫であったり，チャック部に応力集中が発生しないように，ダンベル形（チャック部の幅を広くし，応力をかける直線部まで曲線でつないだ形）にしたりといった試験片の工夫が必要である。また引張変位には，材料直線部の標点間変位だけでなく，チャック部から標点までの変位も含まれてしまうため，標点間変位だけを取り出す必要があるなど，試験方法に注意しなければならないことが多い。それに比べると3点曲げ試験は行いやすい。また成形品になんらかの負荷がかかった場合，曲げ変形を起こしてから破断するというパターンが想定されるので，曲げ試験で評価する方法は，実際に働く負荷に対応している場合が多い。

11.2 曲 げ 試 験

曲げ試験には**3点曲げ試験**と**4点曲げ試験**がある。3点曲げ試験の場合，圧子直下の材料部に最大引張応力および最大圧縮応力が発生する。4点曲げ試験の場合には，2箇所の圧子の間では，材料に働く曲げ応力が一定になる。曲げ試験方法の規格として，「JIS K 7017　繊維強化プラスチック —曲げ特性の求め方」と，「JIS K 7074　炭素繊維強化プラスチックの曲げ試験方法」があり，3点曲げ試験と4点曲げ試験の方法について規格が示されている。

炭素繊維強化複合材の3点曲げ試験方法における規定試験片の寸法はつぎのようである。試験片長さ $l = 100$ mm，支点間距離 $L = 80$ mm，幅 $b = 15$ mm，厚さ $h = 2$ mm である。圧子の半径 $R_1 = 5$ mm，支点の半径は $R_2 = 2$ mm，試験速度は5 mm/minとなっている。試験片の厚さ h がこの標準寸法と異なる場合は，試験片長さ l を $l = 40h + 20$ とするように指示されている。少なくとも5本の試験片について試験することになっている。

曲げ応力 σ_f〔MPa〕はつぎの式で与えられる。

$$\sigma_f = \frac{3FL}{2bh^2} \tag{11.1}$$

ここで，F が荷重〔N〕である。この式を材料力学から説明すると，3点曲げにおいて，圧子直下に最大モーメント $M = (F/2) \times (L/2)$ が働く。この点の材料の下端に最大引張応力，上端に最大圧縮応力が働くが，その大きさは $\sigma_f = (M/I) \times (h/2) = (M/z)$ である。ここで，断面2次モーメント $I = bh^3/12$，断

面係数 $z=bh^2/6$ であり

$$\sigma_f=\frac{F}{2}\times\frac{L}{2}\times\frac{6}{bh^2}=\frac{3FL}{2bh^2}$$

となる。

3 点曲げにおいて生じる中心部でのたわみ s〔mm〕は

$$s=\frac{FL^3}{48EI} \tag{11.2}$$

で，中心部の曲率半径 R は $1/R=M/(EI)$，中心部の下端と上端に生じるひずみの絶対値 ε_f は

$$\varepsilon_f=\frac{h/2}{R}=\frac{hM}{2EI}=\frac{48shM}{2FL^3}=\frac{48sh}{2FL^3}\times\frac{FL}{4}=\frac{6sh}{L^2} \tag{11.3}$$

となる。

曲げ弾性率 E〔GPa〕は応力とひずみの比なので式 (11.1) と式 (11.3) から

$$E=\frac{\sigma_f}{\varepsilon_f}=\frac{3FL}{2bh^2}\Big/\frac{6sh}{L^2}=\frac{L^3}{4bh^3}\cdot\frac{F}{s}$$

となるが，荷重–たわみ線図の初期勾配をとって

$$E=\frac{L^3}{4bh^3}\cdot\frac{\Delta F}{\Delta s} \tag{11.4}$$

で求める。ただし，ΔF と Δs はそれぞれ，ひずみ $\varepsilon_f=0.000\,5$ からひずみ $\varepsilon_f=0.002\,5$ までの荷重の変化量，およびたわみの変化量を用いる。

平織の炭素繊維を用いた熱可塑性 CFRP 試験片を 3 点曲げ試験している様子を**図 11.2** に示す。CFRP は弾性域が大きいので，大きくたわむ（図 (b)）。大たわみを生じるときの応力やひずみの補正式も JIS K 7017 に示されている。最後に圧子の直下で破断が起こり，荷重が急減する（図 (c)）。破断後の荷重の下がり方には，突如破断して荷重がゼロに急減するものと，徐々に減少していくものとがある。3 点曲げ試験による応力–ひずみ曲線の例を**図 11.3** に示す。先ほど示したように，この応力とひずみは圧子直下の外側表面および内側表面の応力とひずみを示している。応力が急減する場合は，試験片が一挙に破断する場合である。逆に一度に下がらずに段階的に下がっていくのは，板材内部で

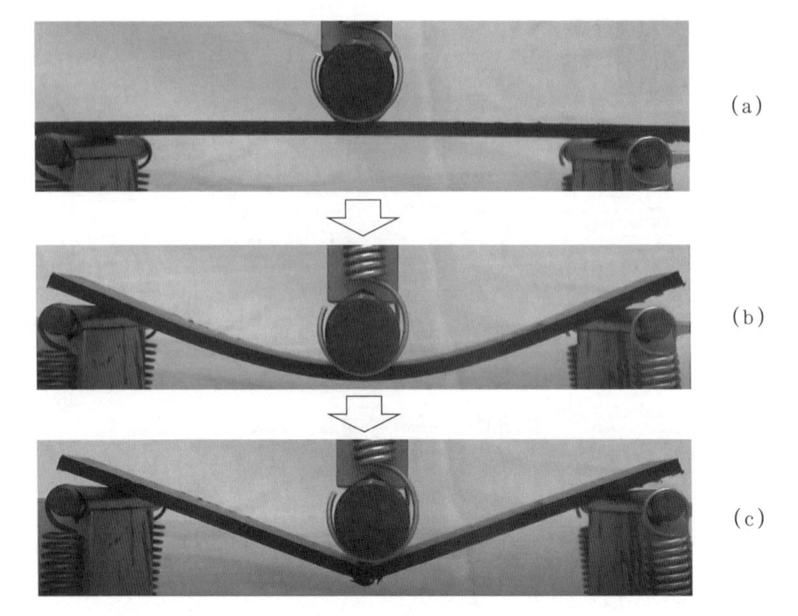

図 11.2　3点曲げ試験の様子

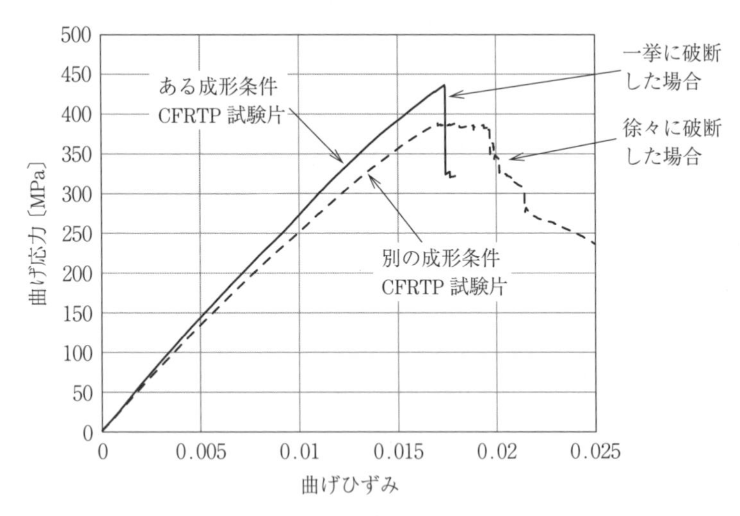

図 11.3　3点曲げ試験における応力-ひずみ曲線の例

少しずつ破断が進行したり，層間剥離が起こったりする場合である。

板材の中の試験片の長手方向と同一方向の炭素繊維が圧子直下の内側表面に

ある場合には，繊維が圧縮応力を受けて座屈を起こしやすい。逆に長手方向の繊維が圧子直下の外側表面にあると，強い引張応力が働き，破断を起こしやすい。繊維方向が長手方向に対して斜めであれば，繊維どうしがずれて伸びるか縮むかの動きをとることができる。また層間の樹脂には，層ごとのひずみ量が異なるので，せん断応力によるせん断ひずみを生じ，層間せん断破壊や層間剥離を生じやすい。曲げ試験において生じる破壊の例を**図 11.4** に示す。

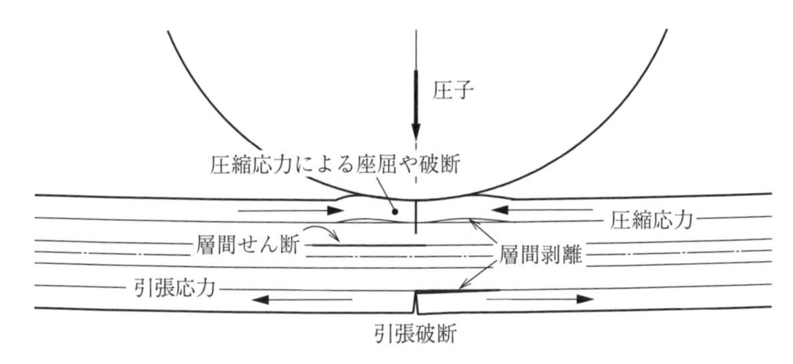

図 11.4　曲げ試験によって生じる破壊の例

板面方向と垂直に破断が一挙に起こると試験片が真っ二つに割れて吹き飛んでしまう。一方，層間剥離なども生じる破断は，曲げ応力は必ずしも高くないが，最大曲げ応力に達した後も真っ二つには分離せずに徐々に荷重が低下していくので，エネルギーを吸収し，危険性も少ないことになる。最大応力も高く，破壊も一挙に生じないで徐々に破断していくことが理想であろう。曲げ試験における破断の状況を知ることで，どのような要因が強度に関わっているかを知ることができる。繊維方向の組合せや繊維と樹脂との密着強度，各層の厚さや層間の樹脂層の厚さなど，関連するさまざまな要因を検討して，成形品の品質を高める工夫を行う。

11.3 引　張　試　験

引張試験の規格としては

「JIS K 7161　プラスチック —引張特性の求め方— 第 1 部：通則」，

「JIS K 7164　プラスチック ―引張特性の求め方― 第4部：等方性及び直交異方性繊維強化プラスチックの試験条件」

「JIS K 7165　プラスチック ―引張特性の求め方― 第5部：一方向繊維強化プラスチック複合材料の試験条件」

がある。JIS K 7164の試験片形状はダンベル形状であり，JIS K 7165の試験片形状は長方形にタブを付けたものである。ここでは実際によく行われる等方性CFRTPの引張試験について，JIS K 7164に沿って解説する。

主にCFRTPに用いるタイプ1B系A形と呼ばれる引張試験片は，**図11.5**に示すように規定されており，試験片全長 $L = 250$ mm以上，標線間の平行部の長さ $L_1 = 60$ mm，チャック間の長さ $L_2 = 115$ mm，平行部の幅 $b_1 = 10$ mm，端部の幅 $b_2 = 20$ mm，くびれ半径 $R = 60$ mm，板厚 $h = 2$～10 mmとなっている。チャック内での試験片のすべりやすべりによる破断を防ぐために全長を伸ばすこともある。試験速度は強度を測定する場合は10 mm/min，弾性率測定の場合は1～2 mm/minとなっている。ひずみを計測する場合に標線間距離の増加率を用いる。最低でも5本の試験片について試験することになっている。

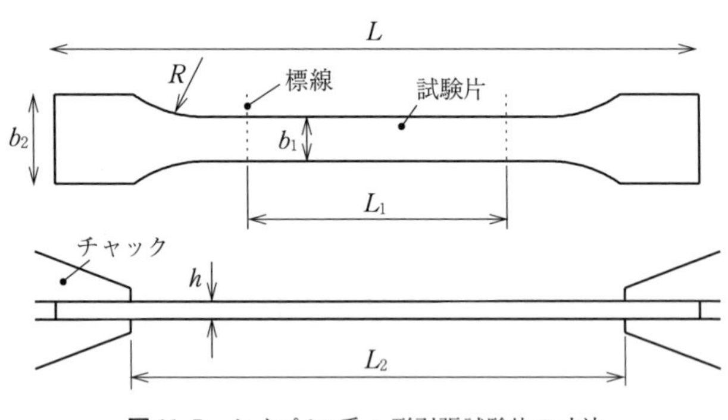

図11.5　タイプ1B系A形引張試験片の寸法

【応力の算出】

引張応力は引張試験機から得られる荷重を試験片の断面積（板厚×幅）で割ればよいので，曲げ強度に比べて求めやすい。一方で高強度のCFRPを扱う場合は，試験機の能力やチャックの拘束力に注意が必要である。引張方向のみに一方向繊維をそろえたCFRTPでは一般に2 000 MPa程度の引張強度を有するので，仮に板厚2 mm，幅10 mmの板を引張試験すると，最大で40 kNの負荷がかかる。それだけの負荷をかけられる試験機が必要である。またチャックの拘束力が不足すると，チャックと試験片がすべってしまう。

【ひずみ測定方法】

ひずみを測定する方法として，接触式伸び計，光学式伸び計，ひずみゲージがある。引張弾性率は，応力-ひずみ曲線のひずみ0.000 5〜0.002 5の区間の傾きから求める。試験機の変位にはチャックのガタ，チャック-試験片間のすべり，試験機のたわみなどが含まれるため，試験機から得られる変位をそのままひずみに換算することはできない。筆者らの経験では，荷重と試験機の変位の関係は非線形になるのに対し，接触式伸び計を用いて求めた応力-ひずみ線図はきれいな直線となり，正確な弾性率を求めることができた。

【引張試験の例】

一方向繊維シートを**図11.6**(a)に示すように，繊維方向を45°ずつずらして12層重ね（図(b)），240℃の平板金型で2分間加熱したのち3 MPaで加圧しながら1分で100℃まで冷却して製作したプレートから，ダンベル状に切り出した試験片の引張試験を行った。**図11.7**(a)は横軸を試験機のストロークとした応力のグラフであるが，試験機のたわみやチャックのすべりにより応力の上昇は非線形になっている。図(b)は，同一の試験において標点間距離50 mmの接触式伸び計の変位から求めたひずみを横軸にしたものであり，応力とひずみがほぼ線形の関係になっている。最大応力のみを調べる場合はひずみの計測は不要であるが，弾性率を調べる場合はひずみ測定用の計測器が必要である。図(a)の300 MPaを過ぎたところで波形がいったん落ちているのは，このときに試験機を停止して伸び計を取り外して再び試験を開始したためである。引張方向に沿った繊維が入っている場合は繊維が突然破断するため，伸び計を付けたまま破断させると，伸び計が破損する恐れがあるためである。

この試験片の場合，最大応力は442 MPaで，弾性率は33 GPaであった。なお

層の番号（上から）	繊維方向〔°〕
1	45
2	0
3	−45
4	90
5	45
6	0
7	90
8	45
9	90
10	−45
11	0
12	45

（a）　上からの層の番号と繊維方向

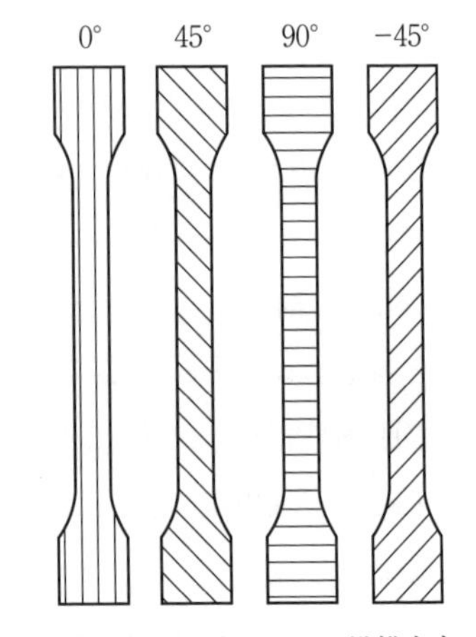

（b）　層における四つの繊維方向

図 11.6　疑似等方プレートの試験片と繊維配向

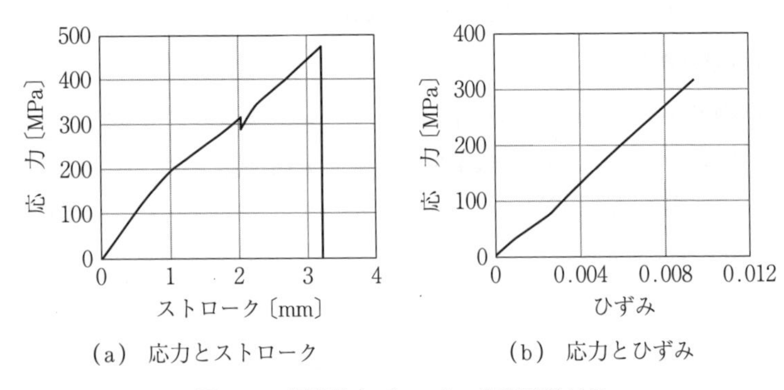

（a）　応力とストローク　　（b）　応力とひずみ

図 11.7　疑似等方プレートの引張試験結果

試験片内の繊維が45°のみおよび90°のみの場合の最大応力はそれぞれ35 MPa，25 MPaであった。0°繊維のみではチャックがすべって実測できなかったが，カタログ値では最大応力1 900 MPaとなっている。したがって引張方向繊維の強度への寄与率が顕著に高いことがこれからよくわかる。逆に，3.5.1項でも述べたが，試験方向の繊維割合と繊維方向強度でその試験片の強度を見積もることができる。この場合は0°繊維が3層あり，全体の12層のうちの25%になるので，1 900 MPaの25%は475 MPaとなる。現実にはばらつきがあるので，やや控えめに見積もる必要がある。

11.4　構造強度試験，圧壊試験

成形品はそれぞれ目的機能によってその構造がつくられるので，目的機能に合わせた強度の評価を考えればよい。

例として，図4.7で示したT字ビームの曲げ剛性（縦：図(a)，横：図(b))，ねじり剛性（図(c))を評価する試験方法を**図11.8**に示す。この試験では，T字ビームに曲げとねじりが作用することを想定し，曲げ剛性とねじり剛性を測定した。曲げ剛性では，T字ビームの中央ビームに縦荷重と横荷重が作用するときの変位を測定した。ねじり剛性試験では，中央ビームにねじりトルクをかけ，ねじり角と発生トルクを測定した。それぞれの試験を行うためにビームを固定するチャックを製作し，圧縮試験機およびねじり試験機に取り付けて測定している。

CFRTPの特徴の一つとして，衝撃エネルギー吸収性能の高さがある。一般に熱可塑性樹脂を用いたCFRPは，熱硬化性樹脂のCFRPよりも衝撃吸収に優れているといわれている。CFRTPの閉断面ビームに落錘試験を行った例を紹介する[1)]。図9.23で紹介した閉断面ビームのストレート部（170 mm × 106 mm，長さ300 mm，厚さ3 mm）を垂直に立て，**図11.9**(a)に示すように，質量1 000 kgの錘を高さ1.5 mから落下させ，高速ビデオで撮影するとともに荷重を計測した。図(b)は落錘試験時の錘がビームに当たってからの変位に対する荷重（荷重-変位曲線）を記録したものである。錘はビームに当たってから150 mmで停止し，その過程における荷重がほぼ一定（100 kN）で推移している。つまり，変位150 mmの間，ほぼ一定の荷重で支えることで錘の運動エネルギーを吸収したわけである。図(c)は，落錘試験中のビームの破壊を撮影した高速ビデオの一画像である。錘と接触した部分から炭素繊維や樹脂が砕け散っていることがわかる。このように材料が砕けていくことでエネルギーを吸収している。試験後に残ったものが図(d)である。ビーム全長の約半分が残っており，全部が砕け散るまでにはさらに同程度のエネルギーを吸収できると考

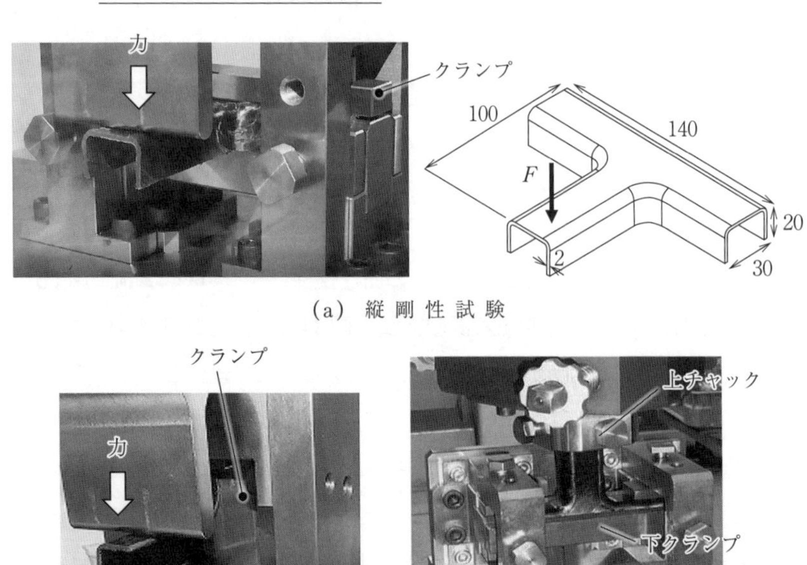

(a) 縦 剛 性 試 験

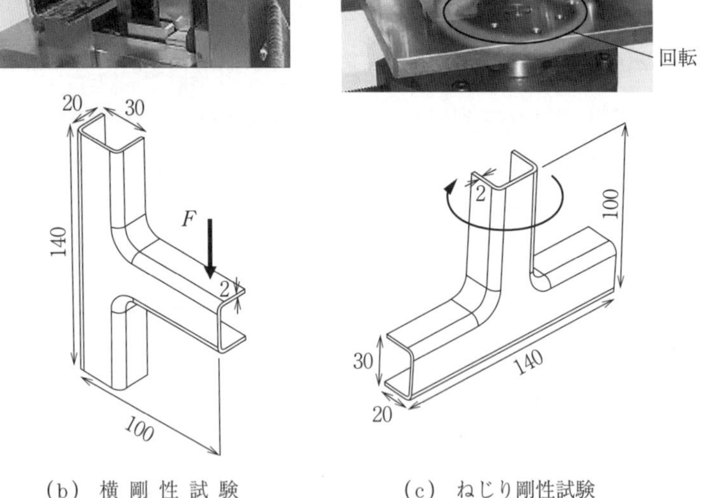

(b) 横 剛 性 試 験　　(c) ねじり剛性試験

図11.8　T字ビームに対する曲げ剛性・ねじり剛性試験（長さの単位は〔mm〕）

えられる。金属材料の場合には，材料が塑性変形してつぶれていく過程で衝撃エネルギーを吸収するが，CFRPでは，材料の接触部が砕けていくことで衝撃エネルギーを吸収していくのが特徴である。

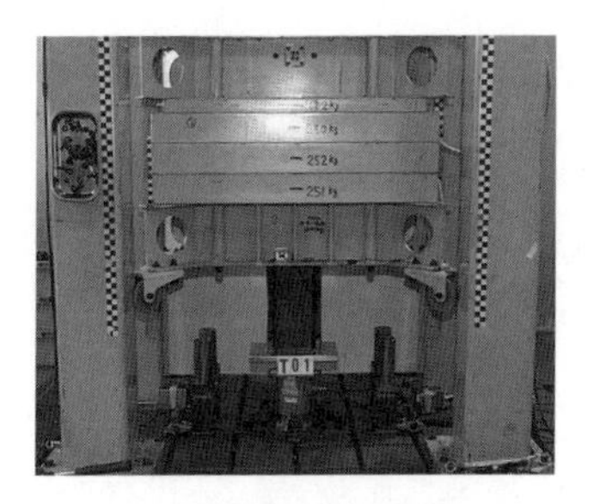

(a) 落錘試験装置

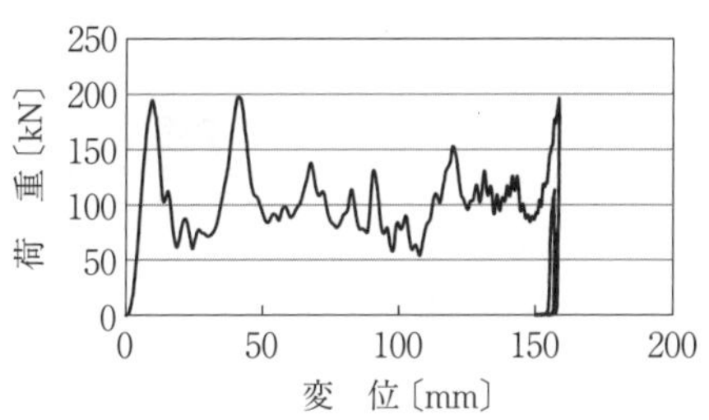

(b) 衝撃破壊時の荷重と変位

(c) 衝撃破壊の様子

(d) 落錘後の様子

図 11.9 閉断面ビームに対する落錘試験による衝撃吸収能評価

11.5 断面組織の観察方法

CFRP や CFRTP の破断のメカニズムや強度特性を把握するために，内部の組織を観察することは不可欠である。内部の観察としてまず行われるのが，材料の断面を光学顕微鏡で観察することである。そこで，断面観察を行う通常の方法について説明する。炭素繊維の太さは 7 μm 程度であり，炭素繊維の 1 本 1 本を明瞭に観察するためには，断面を研磨する必要がある。そこで観察したい断面を切り口にして観察試料を切り出し，断面観察試料を作製する。断面観察試料の作製方法を**図 11.10** に示す。

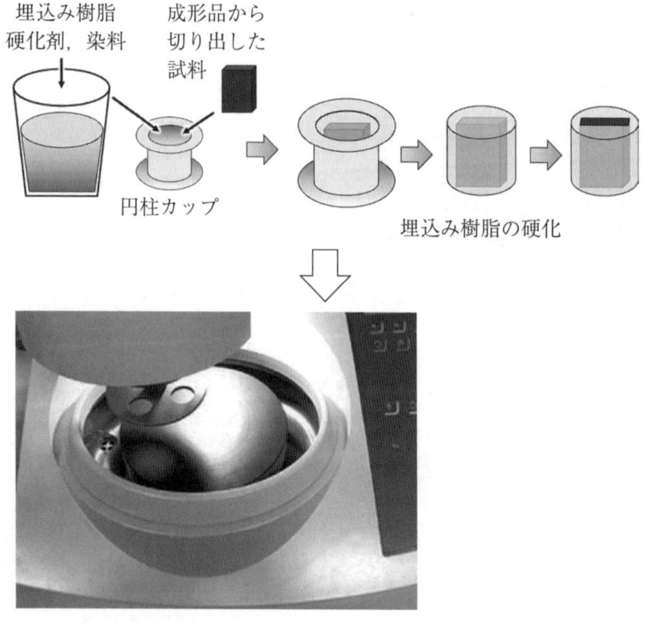

図 11.10　断面観察試料の作製法

まず観察したい試料片を，成形品からダイヤモンドバンドソーなどで切り出す。これを円柱カップ内に立て，樹脂で埋め込む。樹脂が固まった後，研磨機で観察面を磨いていく。最初は 320 番のペーパーなどで研磨し，1200 番ペーパーによる研磨まで進める。つぎに，順に 9 µm，3 µm，1 µm のダイヤモンド粒子を用いて研磨を行う。最終的に観察面が鏡面状に仕上がり，炭素繊維の断面が見えてくる。研磨には何ステップもかかるが，この順番をおろそかにすると，観察面に傷ができたり，表面の炭素繊維が破断してくぼみができたり，炭素繊維が欠けたりして，鮮明な断面を観察することができない。

倍率 450 倍の光学顕微鏡で断面観察した写真の例を**図 11.11**(a) に示す。繊維が観察面に対して垂直であれば，繊維の断面は円に見える。繊維が観察面に対して斜めであれば，繊維の断面は楕円になる。さらに，繊維が紙面にほぼ平行であれば，繊維断面は長円になる（図 (b)）。したがって楕円の長径と短径

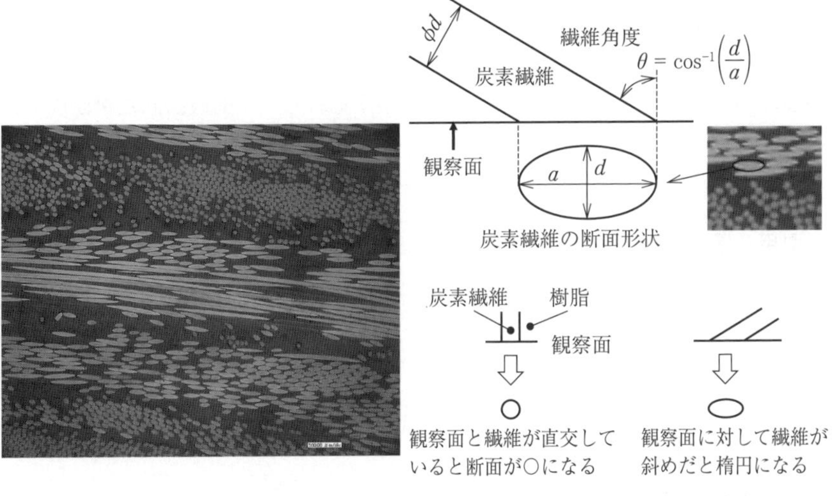

（a）　CFRTP の断面写真　　　　（b）　炭素繊維断面形状の考察

図 11.11　断面観察および繊維角度の判定

の比から繊維方向を知ることができ，また，このような断面観察写真から破断の様子や，繊維の変形状況，層間剥離の状況などを調べることもできる。

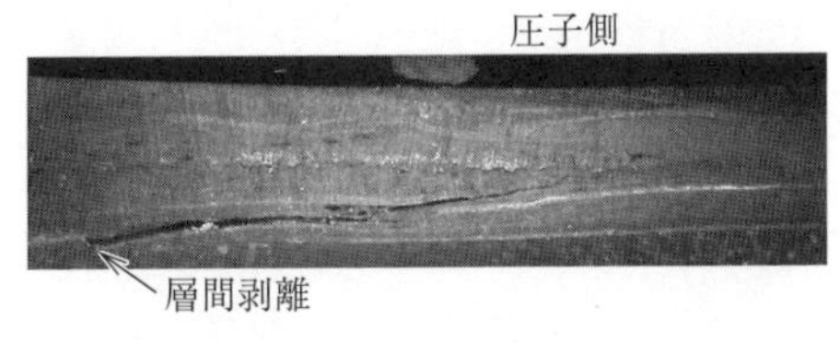

（a）　引張面側から層間剥離が進行して破断した例

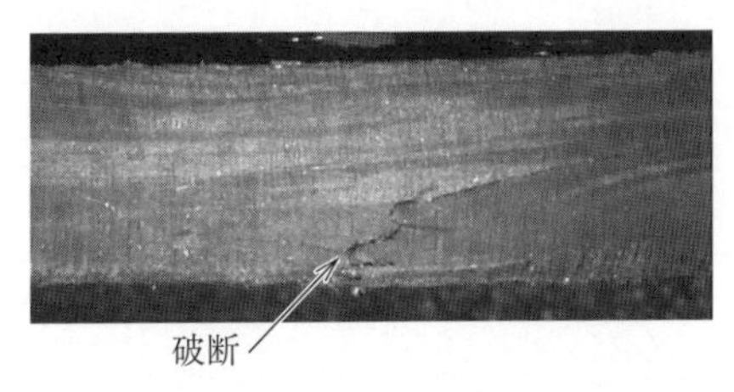

（b）　引張面側から垂直の破断が進行した例

（c）　全面破断した例

図 11.12　曲げ試験で破断した例

曲げ試験による破断部を観察した例を**図 11.12** に示す。引張面側から層間剥離が進行した例が図 (a) である。最大引張応力部からほぼ垂直方向のき裂が進展した例が図 (b) である。低い応力で破壊が進行して全面破断した例が図 (c) である。

引用・参考文献

1) 米山　猛，立野大地，河本基一郎，岡本雅之，越後雄斗：熱可塑性 CFRP 異形断面ビームのプレス成形と強度評価，塑性と加工，**58**，678，pp.605-610（2017）

あ　と　が　き

筆者らは2008年ごろからCFRTPの塑性加工に取り組んできた。それまでに金属の塑性加工やプラスチックの射出成形に関する知見はあったが，CFRPについてはほとんど知識がなかった。はじめはどこから炭素繊維を購入すればよいのか，樹脂をどうやって含浸させるのか，についても知識がなかった。

CFRTPが産業化されるためには，CFRTP基材の製造技術，CFRTPの加工技術，CFRTPを適用する設計技術の三つの発展が不可欠である。

CFRTPは，熱可塑性樹脂が溶融しても粘度が高いため，まず炭素繊維の隙間に熱可塑性樹脂をどうやってしみ込ませるかが大きなハードルである。そのため，まずCFRTPの基材（シートやプレート）の製造法が課題である。

一方，筆者らは，基材そのものの製造よりは，基材を用いた変形加工を中心的な対象に置いている。金属加工の世界に当てはめれば，板材や棒材などをつくる1次加工と板や棒から製品形状をつくる2次加工があるが，その2次加工とそのための設計である。この2次加工技術が進まないと製品に結び付かない。

本書で記述したものは，ほとんどすべて筆者らがこの10数年の間に取り組んできた研究内容から得られた知見である。いろいろな企業の方々との共同研究でこれらの知見を広げることができたことを嬉しく思っている。

新しい技術は，はじめの10年ぐらいは試行錯誤しながら地道な研究の積み重ねをつづけるものである。筆者の一人の米山は，1999年～2008年までは，金属粉体にレーザを照射して立体造形する技術の活用に取り組んできた。当時，この技術はとても将来性がある独自の技術だと思っていたが，まだ世の中で広く実用的に使われる段階ではなく，産業として成り立たずに消え去っていく恐れもあると感じていた。しかし，現在では，このような製造技術は「3Dプリンタ」技術の一つとして，たいへん多くの企業や技術者が開発に携わっている。新しい技術のスタートの時期は，よちよち歩きながら積み重ねていくものだと思う。

日本は先のまだ見えていない未知の技術に果敢に挑戦することをためらいがちである。すぐに実用性があるかどうか，結論を急ごうとしてしまう。むしろいろいろな失敗や試行錯誤から新しい種が生まれてくることを理解し，尊重する風土にしていくことが求められていると思う。

まだ産業化されていない新しい技術の実用化を目指して，新技術の基礎となる知見を明らかにし，公の知見としていくことは大学の使命だと考えている。CFRTPの塑性加工技術も発展過程にある技術である。ぜひ本書の知見をベースにして，新しいものづくり技術にチャレンジすることを切望する次第である。

最後に，私どもと共に研究に携わってくださった研究者や企業の方々に，厚く御礼を申し上げたい。

索　　引

【C】

【P】

【U】

【V】

【数字】

―― 著 者 略 歴 ――

米山　猛（よねやま　たけし）
1979 年　東京大学工学部産業機械工学科卒業
1981 年　東京大学大学院工学系研究科修士課程修了（産業機械工学専攻）
1984 年　東京大学大学院工学系研究科博士課程修了（産業機械工学専攻）
工学博士
1984 年　金沢大学助手
1991 年　金沢大学助教授
2001 年　金沢大学教授
2019 年～20 年　日本塑性加工学会会長（2019 年度）
2020 年　金沢大学特任教授
現在に至る

立野　大地（たつの　だいち）
2006 年　金沢大学工学部人間・機械工学科卒業
2008 年　金沢大学大学院自然科学研究科博士前期課程修了（人間・機械科学専攻）
2008 年～12 年　民間企業に勤務
2012 年　金沢大学研究員
2017 年　博士（工学）（金沢大学）
2018 年　金沢大学助教
現在に至る

CFRTP の塑性加工入門
Plastic Forming of CFRTP

2023 年 3 月 2 日　初版第 1 刷発行　★

検印省略

著　者　米　山　　猛
　　　　立　野　大　地
発行者　株式会社　コロナ社
　　　　代表者　牛来真也
印刷所　新日本印刷株式会社
製本所　有限会社　愛千製本所

112-0011　東京都文京区千石 4-46-10
発行所　株式会社　**コ　ロ　ナ　社**
CORONA PUBLISHING CO., LTD.
Tokyo Japan
振替 00140-8-14844・電話(03)3941-3131(代)
ホームページ　https://www.coronasha.co.jp

ISBN 978-4-339-04682-3　C3053　Printed in Japan　（金）